高职高专艺术设计规划教材

3DS MAX 9.0

中文版循序渐进

主编 丁勇

中国轻工业出版社

图书在版编目（CIP）数据

3DS MAX9.0中文版循序渐进 / 丁勇主编.—北京：中国轻
工业出版社，2011.1
高职高专艺术设计规划教材
ISBN 978-7-5019-7766-6

Ⅰ.①3… Ⅱ.①丁… Ⅲ.①三维－动画－图形软件，3DS
MAX 9.0－高等学校：技术学校－教材 Ⅳ.①TP391.41

中国版本图书馆CIP数据核字（2010）第143310号

责任编辑：王 吉 责任终审：简延荣 封面设计：锋尚设计
版式设计：锋尚设计 责任校对：李 靖 责任监印：张 可

出版发行：中国轻工业出版社（北京东长安街6号，邮编：100740）

印 刷：三河市世纪兴源印刷有限公司

经 销：各地新华书店

版 次：2011年1月第1版第1次印刷

开 本：889×1194 1/16 印张：8.75

字 数：231千字

书 号：ISBN 978-7-5019-7766-6 定价：25.00元

邮购电话：010-65241695 传真：65128352

发行电话：010-85119835 85119793 传真：85113293

网 址：http://www.chlip.com.cn

Email：club@chlip.com.cn

如发现图书残缺请直接与我社邮购联系调换

091140J2X101ZBW

前 言

本教材是一本适用于初学者学习3ds max的基础教材。

三维动画教学是目前高等院校设计专业比较热门的专业，3ds max作为三维动画教学中的基础性软件更需要初学者去认真地掌握。本人在十年的三维动画教学中，发现因为受到教学计划的制约，往往存在着周期短、课时集中这样的特点，初学者要在短时间内能够较为系统地掌握该软件，就需要有一本实用的且有针对性的专业书，而本书就是针对这一问题撰写的。

本书以教学实例为章节，从界面认识到3ds max较为重要的修改器工具的用法介绍，从创作思路到具体运用的详细演示。理论结合实践，所举实例由浅入深，具有教学针对性和实用性。

本书的每一章节的实例都侧重某些工具的具体用法，通过实例制作使得学生在较短时间内掌握较多工具的用法。

第一章，讲述3ds max基本命令的使用；第二章，通过酒杯的制作来掌握相关命令以及"mental ray"渲染器的用法；第三章，通过易拉罐的制作来掌握修改器命令以及"双面"、"多维/子物体"贴图方法的使用；第四章，通过掌握"放样"方式来制作相框；第五章，通过对螺丝刀的制作掌握放样路径与多个不同截面图形进行建模的方法；第六章，通过挂钟的制作来掌握相关修改器命令以及运用轨迹视图对动画设置的调节方法；第七章，通过茶壶的制作实例，来感受NURBS建模方式以及掌握HDRI模拟背景环境贴图的方式；第八章，通过车轮的制作实例来学习多边形建模方法制作流程；第九章，通过鼠标的制作实例来感受多边形建模在编辑造型方面的灵活性；第十章，通过室内设计的制作实例来体会多边形在室内结构布局上体现的严谨和快捷性以及相关软件"Lightscap渲染巨匠"的基础制作流程。通过以上章节涉及的实例练习引导初学者运用科学明晰的思路来创建不同的模型对象，确保学生在掌握本书知识点后，能够具备从事相关实践项目工程制作的能力。

为了方便初学者学习，本书所有实例涉及的资源都附在随书的光盘里，希望本书能够为初学者在学习3ds max路途中打开一扇宽敞的大门。

本书第一章、第二章由郭朝霞老师编写，第三章、第四章由李天峰老师编写，第五章、第六章由杨帆老师编写，第七、八、九、十章由丁勇老师编写，全书由丁勇统一定稿。

由于作者水平有限，错误和不妥之处在所难免，欢迎广大读者给予批评指正。

丁 勇

目 录 CONTENTS

第1章　3ds max 基础

第 2 章　酒杯的制作

第 3 章　易拉罐的制作

目录 CONTENTS

第6章 挂钟的制作

第7章 茶壶的制作

第8章 车轮的制作

目 录 CONTENTS

第9章 鼠标的制作

第10章 室内设计

1.1 3ds max发展历史

　　3ds max是美国Autodesk公司的电脑三维模型制作和渲染软件，该软件早期名为3ds，因为类似dos年代，需要记忆大量的命令，由于使用不便，后改为max，图形化的操作界面，使用更为方便。max历经V1.0，1.2，2.5，3.0，4.0，5.0（未细分），现在发展到9.0以上版本，逐步完善了灯光、材质渲染，模型和动画制作。广泛应用于建筑设计、三维动画、音视制作等各种静态、动态场景的模拟制作。

1.2 3ds max9.0（后统称3ds max）基础知识

1.2.1 3ds max 运行的环境要求

　　3ds max在运行时会大量消耗系统内存，它支持Windows 操作系统平台的32位和64位系统架构，因此计算机配置的高低将直接影响该软件的运行速度和工作效率。要想正确地安装和使用3ds max，至少应该满足以下环境要求：

1.2.1.1 操作系统

　　基于32位系统架构安装3ds max 时，要求操作系统为Windows XP Professional (SP2)或 Windows 2000 (SP4)；基于64位系统架构安装3ds max 时，要求操作系统为 Windows XP Professional X64。

1.2.1.2 CPU

　　基于32位系统架构时，要求CPU至少是Intel的Pentium 4处理器或AMD的Athlon XP（或更高）处理器；基于64位系统架构时，要求CPU是基于64位架构的Intel或AMD处理器。

1.2.1.3 内存

　　512MB内存（推荐使用1GB内存或更高）。

1.2.1.4 硬盘

　　用于安装3ds max的磁盘分区里必须要有1GB的可用空间。

1.2.1.5 显卡

　　不低于32MB显存，并支持1024×768分辨率、16位真彩色、Open GL和Direct 3D硬件加速。

1.2.1.6 光驱

　　CD-ROM光驱。

1.2.1.7 鼠标

　　3ds max支持滚轴鼠标，建议使用 Microsoft兼容的三键滚轴鼠标。

　　注：3ds max不支持Windows 98和Windows Me操作系统。

1.2.2 3ds max 新增的模块以及性能上的优化

　　在三维软件设计领域里，3ds max是设计领域里最具有代表性的软件，是初学者容易掌握上手并以此为基础拓展学习其他设计软件的基石，随着版本不断升级，其在建模以及渲染功能方面已经非常完善。3ds max 在升级到9.0版本的基础上，新增加了一些工具，比如工具行命令中的"快速对齐"与"克隆对齐"、"阵列预览"和"显示消隐"、"第一人称摄像预排"以及mental ray在材质编辑器中新增加的模块，比如"车漆材质"。

新版本在内存的管理上优化不少，速度和效率也比8.0以前的版本快了很多。

1.2.3　与 3ds max 同类型软件

随着CG技术在三维动画市场不断繁荣和发展的情况下，三维设计类软件已经很多，通常与3ds max齐名并被广大CG爱好者接受的知名软件还有Maya、Softimage 3D等。

Maya和3ds max是autodesk公司的两个产品。Maya是美国autodesk公司顶级的三维动画软件，应用对象是专业的影视广告，电影特技等，尤其是在角色动画方面具有庞大的模块支持。

Softimage 公司是加拿大Avid公司旗下的子公司，与Maya同为电影级的超强3D动画工具，也在国际间享有盛名，尤其在渲染模块支持下能将模型呈现出逼真的纹理以及毛发质感。比如《侏罗纪公园》、《泰坦尼克号》等电影中的很多镜头都是由Softimage 3D制作完成的。

软件之间各有优势，由于3ds max被广泛运用在动画片制作、游戏动画制作、建筑效果图中，所以更被广大CG动画爱好者作为首选的软件学习。

1.2.4　3ds max 与 其 他 软件间的交互使用

3ds max与其他软件可以互换格式兼容使用。比如与Autocad的结合，设计者可以在Autocad中完成建模，然后输出".max"格式，进行后期纹理贴图渲染输出。3ds max与Lightscape结合使用，3ds max 将建模输出为".LP"格式就可以被Lightscape软件读取从而在材质设置上发挥该软件的巨大优势，并最终渲染

为照片级的逼真画面。

1.2.5　学习 3ds max 所需要的基本条件

一般来说，三维动画类设计软件，需要初学者具备一定的美术造型能力和审美认识，才能在设计领域里具有更高的优势，因此被高等院校艺术类专业作为课程开设。

俗话说，兴趣是学习最好的老师，一切的动力都应该以兴趣为伴，学习3ds max不是一朝一夕的事情，需要持之以恒的钻研，通过大量实物的练习，熟悉和掌握各个模块的建模，纹理贴图以及渲染输出的原理和使用技巧，最终形成自己的独特认识。

1.3　3ds max界面布局

启动3ds max，界面布局一目了然，按照布局以及使用功能，基本包含9个部分，如图1-1所示。① 标题栏、② 菜单栏、③ 工具行、④ 视图区、⑤ 控制面板区、⑥ 时间滑块、⑦ 状态栏、⑧ 动画控制区、⑨ 视图控制区。

1.3.1　标题栏

标注工程项目的名称，以及使用的软件版本，如图1-2所示。

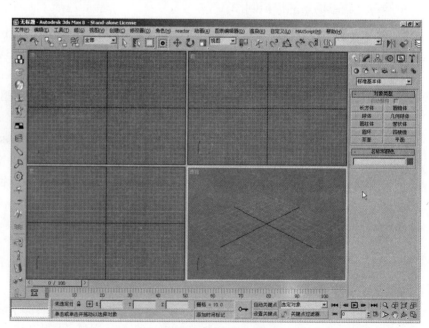

图1-1　3ds max 9.0的界面布局

图1-2 标题栏

1.3.2 菜单栏

如同其他软件一样，3ds max的菜单栏包含通用的文件、编辑、工具、帮助以及自身拥有的组、视图、创建、修改器、角色、reactor、动画、图表编辑器、渲染、自定义、MAXScript，如图1-3所示。

文件(F) 编辑(E) 工具(T) 组(G) 视图(V) 创建(C) 修改器(O) 角色(H) reactor

动画(A) 图表编辑器(D) 渲染(R) 自定义(U) MAXScript(M) 帮助(H)

图1-3 菜单栏

① 文件：包含工作文件存储以及导出方式等相关命令。

② 编辑：包含撤销等相关工具的命令。

③ 工具：包含工具行的重复命令。

④ 组：包含组合对象的命令。

⑤ 视图：包含视图显示属性的相关命令。

⑥ 创建：包含创建的相关命令。

⑦ 修改器：包含修改对象的命令。

⑧ 角色：包含编辑骨骼，链接结构和角色集合的工具。

⑨ reactor（反应动力学）：设置关于动力学的命令。

⑩ 动画：设置对象动画和约束对象的命令。

⑪ 图表编辑器：使用图形方式编辑对象和动画。

⑫ 渲染：包含渲染、视频合成、光能传递和环境设置等命令。

⑬ 自定义：可以自行设置界面的控制。

⑭ MAXScript：编辑内置脚本语言的命令。

⑮ 帮助：可以帮助用户查询相关工具的使用办法。

1.3.3 工具行

① 工具行中的项目是3ds max中较为常用的工具，位于菜单栏下方，在分辨率为1024×768下，部分工具项目被隐藏在工具行右侧，将鼠标左键放置工具行工具间的空白处，会变成小手图标，可以向左侧方向滑动工具条将隐藏的部分工具显露出来，如图1-4所示。

图1-4 工具行

② 鼠标右键点击工具行中的空白处可出现快捷菜单面板，面板中包含一些已经勾选或者未被勾选的工具，可根据需要选择或勾除，如图1-5所示。

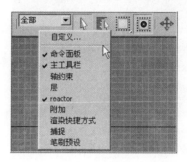

图1-5 隐藏的工具项

③ 自定义用户界面可以依据自己的喜好，自行设置键盘的快捷键，工具栏的命令显示，界面颜色等，如图1-6所示。

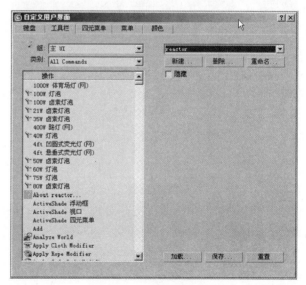

图1-6 自定义用户界面

④ 轴约束工具，用于约束场景物体位置移动，旋转，挤压变形的轴向限制，当使用轴约束时需要结合键盘的X键关闭坐标轴显示来配合使用，如图1-7所示。

图1-7 轴约束

1.3.4　视图工作区

① 包含四个工作窗口，分别为：顶视图、前视图、左视图、透视图，如图1-8所示。

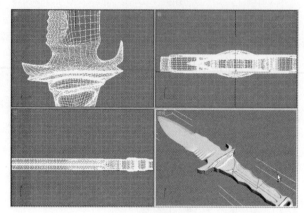

图1-8　视图工作区

② 鼠标右键点击视图左上角的视口名称，在快捷菜单中点击配置，如图1-9所示。

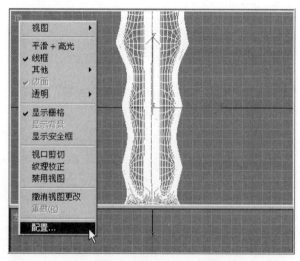

图1-9　在快捷菜单中点击配置

③ 在弹出的视口配置面板点击布局，可以看到视口布局的多种方式模板，如图1-10所示。

④ 更换合适的视口布局，如图1-11所示。

1.3.5　命令面板区

命令面板是六个面板的集合，包含了3ds max的

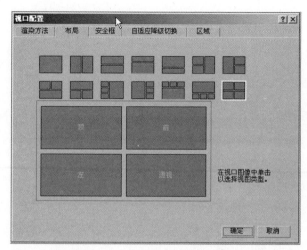

图1-10　视口布局的多种方式模板

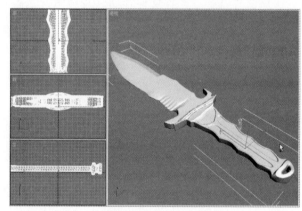

图1-11　更换视口布局

建模和动画命令，包含6个组成部分：

① 创建命令集合：包含所有对象的创建工具。

② 修改命令集合：包含修改器和编辑工具。

③ 层次命令集合：包含链接和反向运动学参数。

④ 运动命令集合：包含动画控制器和轨迹。

⑤ 显示命令集合：包含对象显示属性相关控制。

⑥ 工具命令集合：包含其他工具。

1.3.5.1　创建命令集合

创建命令集合包含创建7个项目，分别是"几何体"、"图形"、"灯光"、"摄像机"、"辅助"、"空间扭曲"、"系统"，如图1-12所示。

① 创建几何体。包含3ds max内置的几何体命令集，如图1-13所示。

图1-12　创建命令集合

图1-13　创建几何体命令集

② 创建图形。包含3ds max内置的图形命令集，如图1-14所示。

③ 创建灯光。包含3ds max内置的灯光命令集，如图1-15所示。

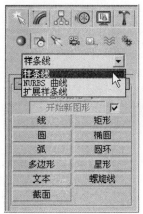

图1-14　创建图形命令集

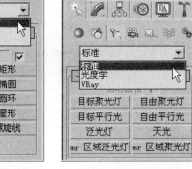

图1-15　创建灯光命令集

④ 创建摄像机。包含3ds max内置的摄像机命令集，如图1-16所示。

⑤ 创建辅助对象。包含3ds max内置的辅助物体命令集，如图1-17所示。

图1-16　创建摄像机命令集

图1-17　创建辅助对象命令集

⑥ 创建空间扭曲物体。包含3ds max内置的空间扭曲命令集，如图1-18所示。

⑦ 创建系统。创建包含3ds max其他系统命令集，如图1-19所示。

图1-18　创建空间扭曲物体命令集

图1-19　创建其他系统命令集

1.3.5.2　修改命令集合

在修改器列表中集合了所有的内置的命令工具，如图1-20所示。

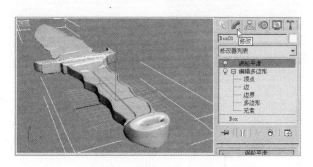

图1-20　修改命令集合面板

1.3.5.3　层次命令集合

包含链接和反向运动学参数，如图1-21所示。

图1-21　层次命令集合面板

1.3.5.4　运动命令集合

包含动画控制器和轨迹，如图1-22所示。

图1-22 运动命令集合面板

1.3.5.5 显示命令集合

包含对象显示属性设置的相关控制命令，如图1-23所示。

图1-23 显示命令集合面板

1.3.5.6 工具命令集合

包含相关辅助工具，如图1-24所示。

图1-24 工具命令集合面板

1.3.6 时间滑块

记录动画的时间单位，默认的时间设置为100

帧，速率为每秒25帧，如图1-25所示。

图1-25 时间滑块面板

1.3.7 动画控制区

包含设置关键帧按钮，以及时间控制器，如图1-26所示。

图1-26 动画控制区面板

1.3.8 状态栏

包括绝对/相对坐标切换以及坐标显示提示行，对象锁定，以及栅格单位，如图1-27所示。

图1-27 状态栏面板

1.3.9 视图控制区

包含控制视图对象的一些常用工具，如图1-28所示。

图1-28 视图控制区常用工具

1.3.9.1 缩放工具

① 在视图中创建标准几何体若干，如图1-29所示。

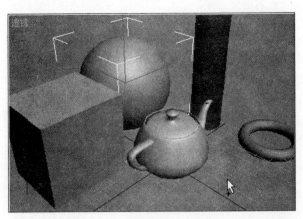

图1-29 创建几何体

② 使用 🔍 （缩放）工具放大视图物体局部的效果，如图1-30所示。

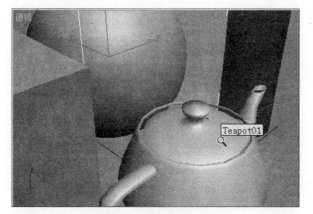

图1-30　物体局部被放大后效果

1.3.9.2 🔲缩放所有视图

同时缩放所有视图，如图1-31所示。

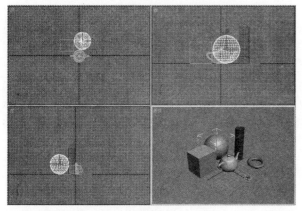

图1-31　同时缩放所有视图

1.3.9.3 🔲最大化显示当前选择对象

将所选择的对象最大化显示在视图，如图1-32所示。

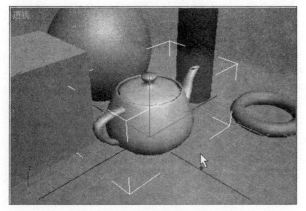

图1-32　最大化显示当前选择对象

1.3.9.4 🔲最大化显示视图所有对象，如图1-33所示。

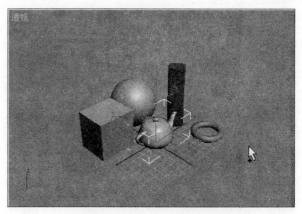

图1-33　最大化显示视图所有对象

1.3.9.5 🔲所有视图最大化显示选择对象，如图1-34所示。

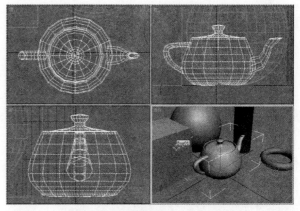

图1-34　所有视图最大化显示选择对象

1.3.9.6 🔲所有视图最大化显示所有对象，如图1-35所示。

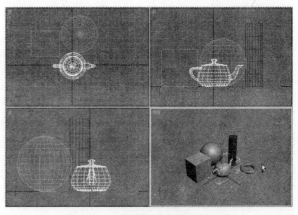

图1-35　所有视图最大化显示所有对象

1.3.9.7 ☑视野，透视缩放工具，如图1-36所示。

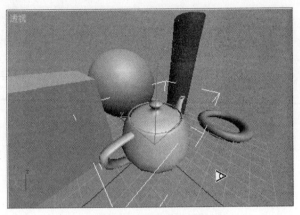

图1-36 透视缩放工具

1.3.9.8 ☑平移视图，平移调整视图，如图1-37所示。

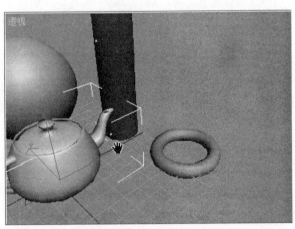

图1-37 平移视图

1.3.9.9 ☑弧形旋转，可以调节对象所处场景的空间角度，如图1-38所示。

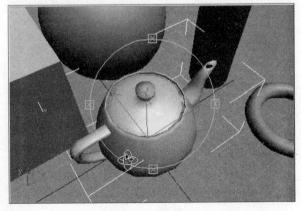

图1-38 弧形旋转

1.3.9.10 ☑最大化视口切换，在单一视图和多视图之间进行切换，如图1-39所示。

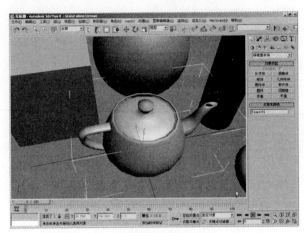

图1-39 最大化视口切换

1.4 3ds max场景制作流程

1.4.1 建造模型

在3ds max中，使用相关工具和命令完成制作对象的模型，这一环节叫建模。一个好的建模的完成需要大量的操作练习和较为丰富的建模经验。做出来的建模不仅在外形上具有较好的视觉效果，而且在制作思路上如果做到简单明了便可以有效节约计算机的系统资源。所以建模的过程，需要事先考虑好思路然后入手工作。

1.4.2 材质

每一款的三维软件都会有渲染模块，渲染逼真的艺术效果的关键是材质的设置，材质是最难掌握好的部分，需要大量的实践经验的积累，一切优秀的3D建模都要依赖于材质的最终表现从而达到逼真的艺术效果。

1.4.3 灯光和相机

光线的存在是任何视觉的必然，很多画家、摄影家和建筑设计师对光的巧妙利用都是严谨和讲究的，会将光线纳入自己的设计意识中去。在3D场景中合理的光线会给画面带来精美的视觉享受，尤其是在动画场景中，光线的表现就显得更为重要。场景中设置的光线一定要合情合理，尤其在室内设计中所采用光线，更需要感觉光的真实性。

在max默认的场景中，视口中安排了一个默认灯光来对整个场景提供照明，此灯光不提供阴影，当自己建立灯光后，默认灯光则自动关闭。在场景中放置灯光要使用合理的灯光参数和照明角度，在灯光下要控制的参数比较重要的有阴影、衰减和照明角度。

摄像机的使用往往是取代我们眼睛的，摄像机所看到的就是我们眼睛所看到的，尤其是在动画制作过程中，摄像机的设置就尤为重要了，一些超炫的画面也往往是借助很多相机切换完成的。相机配合渲染器还可以设置例如景深和运动模糊等特殊效果，有了这样的效果，制作出来的画面将更加真实。

1.4.4　动画设置

针对场景动画而言，动画设置是整个制作流程中最为繁琐，工作量最大的一个环节。

1.4.5　渲染输出和保存场景文件

渲染输出是动画设计流程的最后一个环节，是用户看到的最终效果，一切复杂辛苦的过程都要依靠最终的渲染来达到尽可能理想的结果，渲染输出可以根据情况选择不同的输出品质，可输出为静帧的图片或者动画的格式，渲染的品质和渲染的耗时有着必然的关系，品质越高所需要的时间就越长。

场景保存是项目工程制作过程中的必要环节。我们可以反复打开场景继续制作。

1.5　基础工具的认识

1.5.1　创建对象方法

创建视图对象，这是初学者学习3ds max首要掌握的环节。在max界面右侧的创建面板中，可以通过选择需要创建的物体对象来创建。创建的主要方法是通过操作鼠标的单击、拖拽、单击加拖拽等方法来创建对象，如图1-40所示。

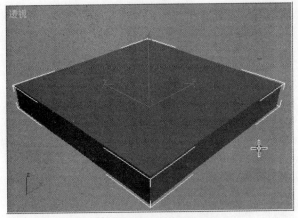

图1-40　创建对象

1.5.2　更换场景对象的名称和颜色

① 选择视图中的对象，点击![修改图标]（修改），选择物体名称即可修改对象名称，如图1-41所示。

图1-41　修改对象的名称

② 点击名称右边的色块，弹出对象颜色面板，选择要改变的颜色，如图1-42所示。

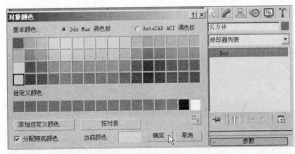

图1-42　修改对象的颜色

1.5.3　更改对象的位置、方向或比例

① 鼠标单击主工具栏上的三个变换按钮之一，分别对应移动、旋转、缩放，如图1-43所示。

图1-43　移动、旋转、缩放

9

② 或从鼠标右键的快捷菜单中选择变换模式，如图1-44所示。

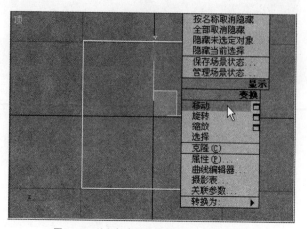

图1-44 从鼠标右键快捷菜单中选择变换模式

1.5.4 复制与阵列

1.5.4.1 复制

创建选择对象后，结合键盘"Shift"键，同时拖动鼠标左键，松开鼠标后，在弹出的"克隆选项"中，选择"复制"，设置"副本数"，这样可以快捷创建一个或多个选定对象的多个复制对象。复制在max中称为"克隆"，如图1-45所示。

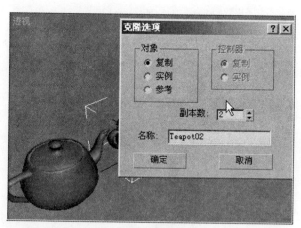

图1-45 克隆选项面板

① 复制。创建一个与原始对象完全无关的克隆对象。修改其中的任何一个对象时，不会对另外一个或者多个复制对象产生影响，如图1-46所示。

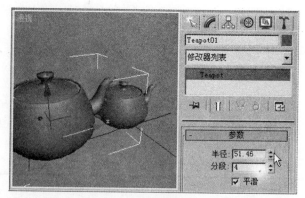

图1-46 复制设置

② 实例。创建原始对象的完全可交互克隆对象。修改实例对象与修改原始对象相同，如图1-47所示。

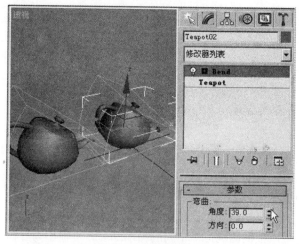

图1-47 实例设置

③ 参考。克隆对象时，创建与原始对象有关的克隆对象，添加修改器命令后，修改原始对象的参数将会更改克隆对象，反之，更改克隆对象则不会影响原始对象。如图1-48所示。

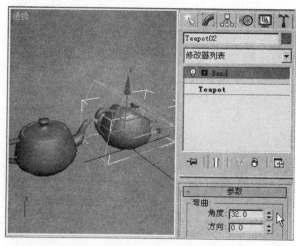

图1-48 参考设置

10

1.5.4.2 阵列。阵列设置面板是专门用于克隆、精确变换和定位很多组对象的一个或多个空间维度的设置面板，使用这个面板可以快捷完成线性、圆形和螺旋阵列，如图1-49所示。

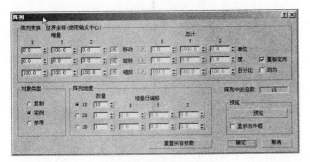

图1-49 阵列设置面板

1.5.5 单位设置

① 虚拟空间中要完成合适的比例制作最好的方法就是设置统一的制作单位，这样才能保证制作出来的模型在单位尺寸上比例一致。单位指定可以通过"单位设置"对话框来明确指定。"单位设置"面板如图1-50所示。

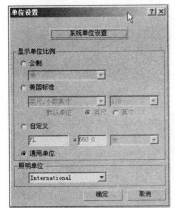

图1-50 单位设置面板

② 系统单位和显示单位之间的差异十分重要。显示单位只影响在视口中的显示方法。而系统单位决定几何体实际的比例。在合并max场景文件或导入模型的时候，max就只考虑系统单位是否一致，不同的单位下导入结果是不一样的。

1.5.6 捕捉工具

捕捉工具是加快建立场景模型和精确制作的有效工具之一。捕捉主要分为视图捕捉、角度捕捉和百分比捕捉。其中，视图捕捉分为2D捕捉、2.5D捕捉和3D捕捉，如图1-51所示。

图1-51 角度捕捉的隐藏项

① 2D捕捉：光标仅捕捉到活动建构栅格，包括该栅格平面上的任何几何体，将忽略Z轴或垂直尺寸。

② 2.5D捕捉：光标仅捕捉到活动构建栅格上对象投影或边缘。使用2.5D设置，可以在远处长方体上从顶点到顶点捕捉一行，但该行绘制在活动栅格上，效果就像透过一片玻璃并且参照玻璃后面看到的几何对象，在玻璃上绘制远处几何对象的轮廓。

③ 3D捕捉：这是默认设置。光标直接捕捉到3D空间中的任何几何体。3D捕捉用于创建和移动所有尺寸的几何体，而不考虑构建平面。

1.5.7 镜像

① 镜像工具主要在于创建当前对象或者复制当前对象的镜像方向位置，如图1-52所示。

图1-52 镜像工具

② 镜像设置面板如图1-53所示。

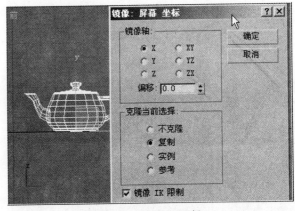

图1-53 镜像设置面板

1.5.8 对齐命令

设置当前对象与目标对象的位置关系，如图1-54所示。

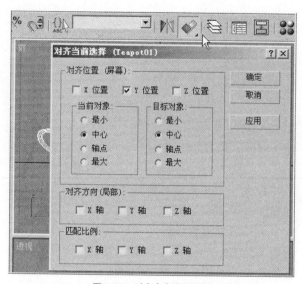

图1-54 对齐命令设置面板

对齐命令包含6种对齐方式

① 对齐命令

对齐命令:可将当前选择对象与目标对象进行对齐。

② 快速对齐命令

快速对齐命令:可将选择物体的轴心与目标物体轴心对齐。

③ 法线对齐命令

法线对齐命令:将选择物体法线面与目标对象上所点击的法线面对齐。

④ 高光对齐命令

高光对齐:是指将灯光或对象对齐到另一个对象,以便可以精确定位其高光位置或者反射位置。

⑤ 对齐摄像机

对齐摄像机:是指将对象或者子对象选择的局部轴与当前摄像机对齐。

⑥ 对齐视图

对齐视图:将对象或者子对象选择的局部轴与当前视口对齐,如图1-55所示。

图1-55 对齐视图设置面板

1.6 多边形建模

1.6.1 多边形建模概况

多边形建模是在三维制作软件中最先发展的建模方式,使用多边形建立的模型都是点、边、面三个元素组成,对点、边、面三个元素进行修改就可以改变模型的形状。只要有足够多的多边形就可以制作出任何形状的物体,不过随着多边形数量的增加,系统的性能也会下降,所以大家在使用多边形建模时要注意如果没有必要就不要添加过多的细节。多边形建模具有易学、制作、运算速度快等特点,在建模思路上基本就是从简单的几何体形状开始使用,通过多边形工具不断编辑从而得到最终模型。3ds max的多边形工具起步早,而且一直在不断地修改,因此非常先进和完善。

1.6.2 转换多边形方式

① 第一种方式是在物体被选中情况下,单击鼠标右键,在弹出的菜单里单击"转换为可编辑多边形",如图1-56所示。

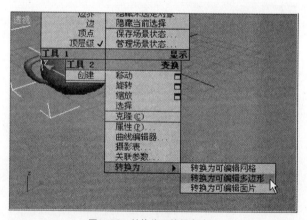

图1-56 转换为可编辑多边形

② 第二种方式就是在物体被选择的情况下点击"修改",在修改器列表中选择"编辑多边形",这样也可以将物体处于多边形编辑状态。

1.6.3 五种子物体编辑方式

将物体转换为多边形物体后,该物体会有五个子物体和众多相对应各个子物体级使用的修改命令,大大提高了这个物体被编辑的能力。选择卷展栏选择方式包括点子物体,边子物体级,边界子物体级,多边形子物体级,元素子物体级,如图1-57

所示。

① 顶点。定义组成多边形的其他子对象的结构。如图1-58所示。

图1-57 选择卷展栏

图1-58 顶点卷展栏项目

② 边。边是连接两个顶点的直线，如图1-59所示。

③ 边界。是网络孔洞的边缘，如图1-60所示。

图1-59 边卷展栏项目

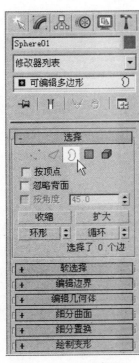

图1-60 边界卷展栏项目

④ 多边形。由三条以上的边组成的封闭的曲面，如图1-61所示。

⑤ 元素。由一个以上的曲面组成的同一物体内独立于其他面的组合，如图1-62所示。

图1-61 多边形卷展栏项目　　图1-62 元素的卷展栏项目

1.6.4　编辑多边形相关命令

① 按顶点。边、边界、面、元素子物体下可用，勾选子物体的选择只影响朝向操作者的面。

② 忽略背面。所有子物体，勾选子物体的选择只影响朝向操作者的面。

③ 按角度。只有面子物体级下可用，勾选此选项并选择某个面时，可以同时选择临近的满足右侧复选框所设置角度的多边形。

④ 收缩。通过取消选择最外部子对象来快速减少子对象的选择区域，可以用于所有子物体级。

⑤ 扩大。在所有可用的方向向外扩展选择区域，可用于所有子物体级。

⑥ 环形

通过选择所有平行于选中边的边来扩展边的选区。环只应用于边和边界的子物体级。

⑦ 循环

在与选中边相对齐的同时，尽可能远地扩展选区。循环只应用于边和边界子物体级。

1.6.5 编辑顶点命令

这是进入点子物体级后有关点子物体的一些命令，如图1-63所示。

图1-63 编辑顶点命令

① 移除。移除选定的顶点，而不会同时删除由这个点组成的面，这是与键盘上的Delete键删除点的不同之处。

② 断开。将选择的点打断成几个点，具体是几个点由使用这个点的面的数量决定。

③ 挤出。可以手动挤压顶点，也可以单击该命令后面的小方块调出参数面板。

④ 焊接。将被选择的顶点焊接为一个点。

⑤ 切分。将选择的顶点沿每个使用这个顶点的边线进行切角。

⑥ 目标焊接。手动焊接顶点的工具。

⑦ 连接。将选中的点用边线连接。

1.6.6 编辑边命令

这是进入边子物体后有关子物体的一些命令。如图1-64所示。

① 插入顶点。在边上手动加入新的顶点。

② 桥。连接边与边界边。

③ 利用所选内容创建图形。选择一个或多个边后，单击该按钮，可以得到与选定的边相同形状的样条线。

图1-64 编辑边命令

1.6.7 编辑多边形命令

这是进入面子物体级后有关面子物体的一些命令。如图1-65所示。

图1-65 编辑多边形命令

① 轮廓。用于增加或减小每小组连续的选定多边形的大小。

② 倒角。相当于挤出和轮廓这两个命令的组合。

③ 翻转。翻转所选中面的自身法线。

④ 从边旋转。将当前选择的面沿着选择的边进行旋转挤压。

⑤ 沿样条线挤出。当前的选定内容与一条选择的样条线生成依附于表面的造型。

第2章
酒杯的制作

二维图形建模在3ds max建模体系中占有重要的位置。对于任何复杂对象的建模，我们事先都要考虑制作思路和方法，遵循简便快捷高效的原则去选择合适的建模方式。二维图形的建模的关键是在图形的编辑环节上，造型力求严谨准确，然后通过修改器的命令生成我们所需要的造型。

二维图形建模的关键是线的编辑工作，本例以酒杯为对象来认识二维图形建模的基础流程。

酒杯的制作作为学习3ds max的入门练习实例，被众多教材涉及，通过对酒杯的建模，重点认识车削工具的用法。车削工具是修改器列表中比较重要、使用率较高的工具，几乎一切圆形物体的建模都可使用到车削工具。

2.1 建立酒杯四分之一截面

2.1.1 运用"线"工具绘制基本型

点击工具行中的 （二维网格捕捉），选择"线"工具，在前视图创建图形，如图2-1所示。

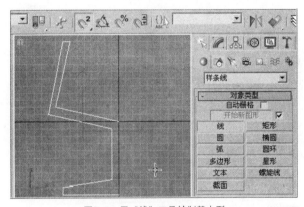
图2-1 用"线"工具绘制基本型

2.1.2 选择顶点编辑方式进行细节调整

① 再次点击 （二维网格捕捉），点击"顶点"编辑方式，如图2-2所示。

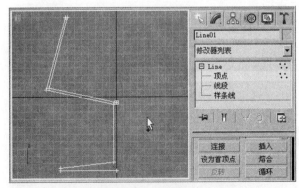
图2-2 选择顶点编辑方式

② 点击工具行中 （选择并移动），鼠标左键框选要编辑的酒杯的两个角点，然后点鼠标右

键，在出现的快捷菜单中选择"平滑"，如图2-3
所示。

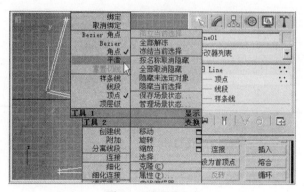

图2-3　选择平滑方式

③ 平滑处理后的效果，如图2-4所示。

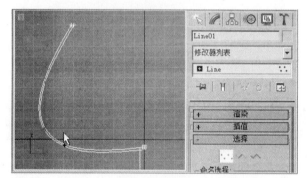

图2-4　平滑处理

④ 选择酒杯的角点，点击鼠标右键，在弹出
的快捷菜单中选择"Bezier角点"，如图2-5所示。

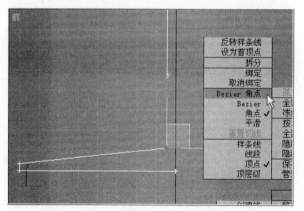

图2-5　选择Bezier角点编辑方式

⑤ 控制绿色的手柄，调节曲度，如图2-6
所示。

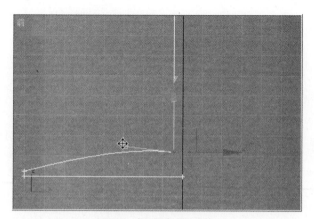

图2-6　控制手柄调节曲度

⑥ 同样，选择角点，点击鼠标右键，选择
"Bezier角点"，如图2-7所示。

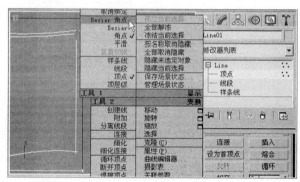

图2-7　选择Bezier角点编辑方式

⑦ 鼠标右键点击工具行空白处，在弹出的菜
单中选择"轴约束"，如图2-8所示。

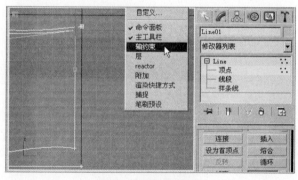

图2-8　选择轴约束命令

⑧ 点击键盘X键，隐藏坐标轴显示，控制手柄
调节曲度，如图2-9所示。

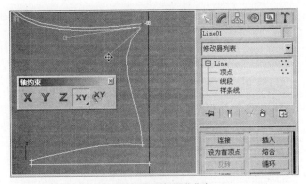

图2-9　控制手柄调节曲度

⑨ 关闭"顶点"编辑方式，如图2-10所示。

图2-10　关闭顶点

⑩ 前视图酒杯截面图形，如图2-11所示。

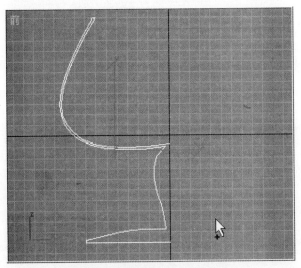

图2-11　前视图酒杯四分之一截面

2.2　运用"车削修改器"生成酒杯

① 在"修改器列表"中，选择"车削"，勾选

"焊接内核"，在"对齐"中选择"最大"，设置"分段数"为"30"，如图2-12所示。

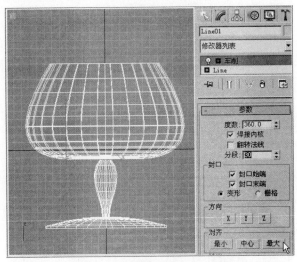

图2-12　在参数卷展栏中设置相关参数

② 当前透视图的效果如图2-13所示。

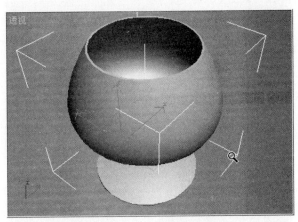

图2-13　透视图效果

2.3　建立台面

① 选择"平面"，如图2-14所示。

② 在顶视图中，建立平面，如图2-15所示。

③ 选择工具行中的 ✛ （选择并移动），在左视图沿着Y轴垂直移动平面，对齐酒杯底端，如图2-16所示。

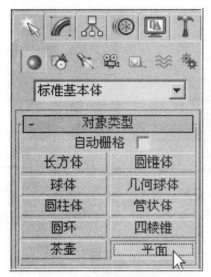

图2-14　选择平面编辑方式

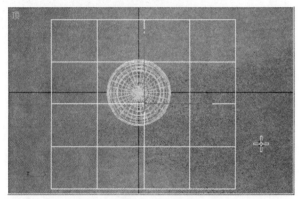

图2-15　在顶视图中创建平面

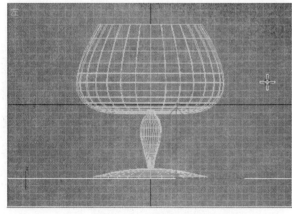

图2-16　对齐酒杯底端

2.4 赋予材质

2.4.1 设置台面木纹质感

① 点击工具行中的 ▦（材质编辑器），选择

第一个实例球将材质指定给所选定对象，并设置"反射高光"的参数："高光级别"："55"；"光泽度"："10"；"柔化"："0.1"，如图2-17所示。

② 在贴图级别中点击漫反射颜色右侧的None，在弹出的材质编辑浏览器中选择位图，然后确定，如图2-18所示。

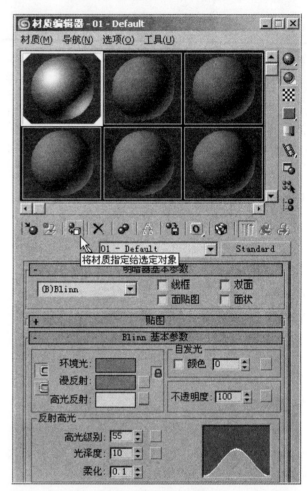

图2-17　设置反射高光参数

图2-18　选择位图方式

③ 在弹出的"选择位图图像文件"选择框中

18

选择A-D-146.jpg（光盘资料提供），然后点击"打开"，如图2-19所示。

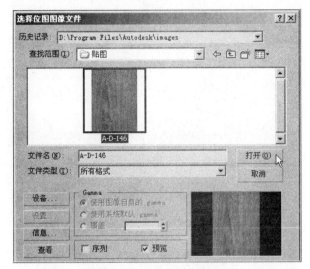

图2-19　选择木纹纹理贴图资料

④ 点击"在视口中显示贴图"按钮，如图2-20所示。

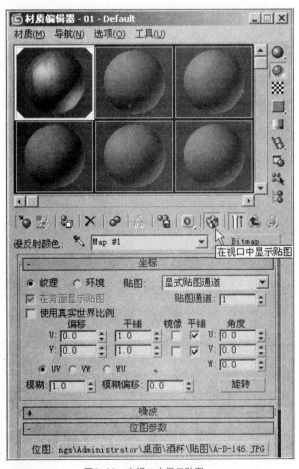

图2-20　在视口中显示贴图

2.4.2　设置酒杯的玻璃质感

① 选择第二个实例球，设置"金属"贴图模式，设置漫反射颜色拾色器RGB参数："红"："137"；"绿"："147"；"蓝"："180"，以及"反射高光"值中"高光级别"："148"；"光泽度"："85"，如图2-21所示。

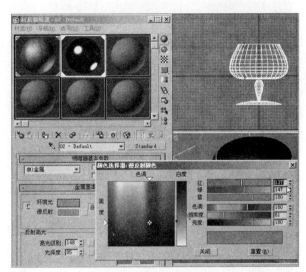

图2-21　设置金属贴图模式

② 展开"贴图"级别，点击"反射"右侧的"None"，在弹出的"材质/贴图浏览器"中选择"光线跟踪"，如图2-22所示。

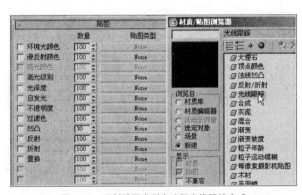

图2-22　反射贴图类型中选择光线跟踪方式

③ 拷贝的"反射"右侧的"Raytrace"（光线跟踪）指定给"折射"。设置"反射"的值为："10"，"折射"值为："100"，如图2-23所示。

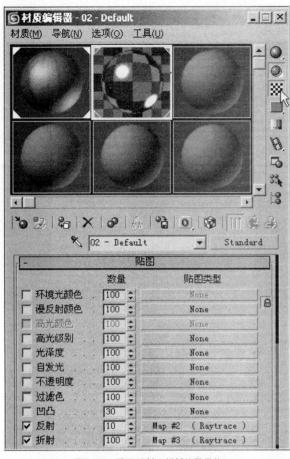

图2-23 设置反射、折射的数量值

① 点击工具行中的▣（渲染设置），在弹出的面板中，点击"指定渲染器"下属的"产品级"右侧的按钮，在弹出的"选择渲染器"窗口中，选择"mental ray渲染器"，然后点"确定"。如图2-24所示。

② 在当前的指定渲染器面板中点击"渲染"，如图2-25所示。

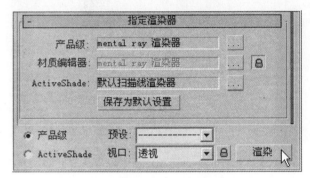

图2-25 点击渲染按钮

2.5 设置渲染器

③ 最终渲染效果如图2-26所示。

图2-24 选择mental ray渲染器

图2-26 最终渲染效果

2.6 场景保存

① 点击工具行中的"文件"，菜单中选择"保存"，如图2-27所示。

20

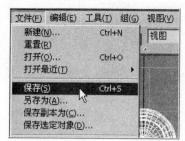

图2-27　保存文件

2-28所示。

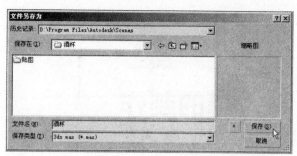

② 在弹出的"文件另存为"面板中，在文件名处输入"酒杯"，然后点击"保存"，如图

图2-28　命名并保存场景文件

第3章
易拉罐的制作

本例易拉罐的建模，使用的二维图形建模方式，材质设置是本例的重点，易拉罐的材质使用的是"双面"以及"多维/子对象"材质设置类型。

3.1 罐体的基本型制作

3.1.1 建立罐体截面图形

① 在"样条线"的几何面板中选择"线"工具，如图3-1所示。

图3-1 选择线工具

② 点击工具行中的 ⚏（二维网格捕捉），在前视图中从视图"Y"轴开始，创建罐体的四分之一截面图形，如图3-2所示。

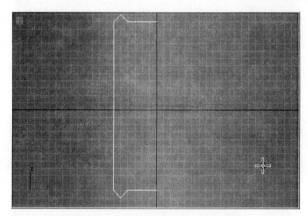

图3-2 创建罐体的四分之一截面图形

注：对于初学者来说，此步骤非常关键，截面图形比例直接决定了易拉罐旋转成型的基本造型，需要谨慎行事。

3.1.2 "顶点"编辑方式进行细节上的编辑

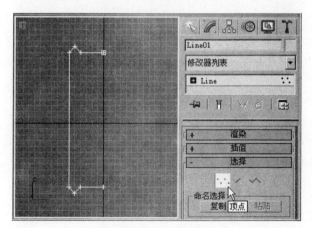

图3-3 选择顶点编辑方式

① 点击 （修改），点击"顶点"编辑方式，如图3-3所示。

② 点击工具行中的 （选择并移动），选择视图中的顶点，同时点击鼠标右键，在弹出的快捷菜单中选择"Bezier角点"方式，如图3-4所示。

③ 鼠标左键调节当前顶点两端绿色手柄角度，改变曲度，如图3-5所示。

⑦ 运用相同的办法来处理易拉罐底部四分之一截面曲度，如图3-9所示。

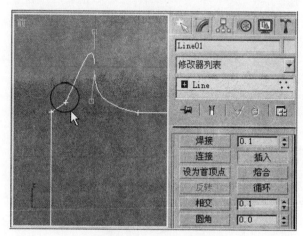

图3-6　插入一点并调节位置

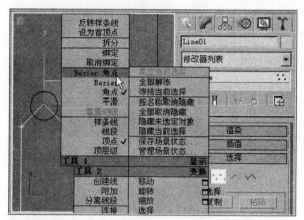

图3-4　选择Bezier角点编辑方式

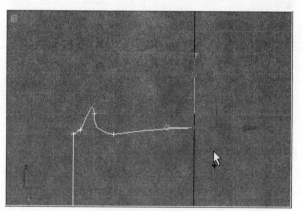

图3-7　调节点所在位置

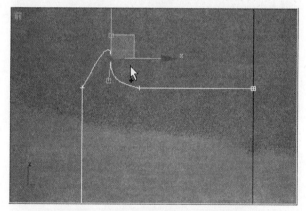

图3-5　调节顶点手柄角度、改变曲度

④ 选择"插入"，在视图中插入一点并调节位置，如图3-6所示。

⑤ 同样，选择"Bezier角点"方式，调节视图相关的点，如图3-7所示。

⑥ 选择"圆角"工具，编辑视图中相关的顶点，如图3-8所示。

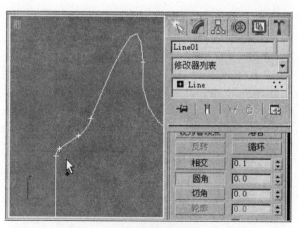

图3-8　圆角处理效果

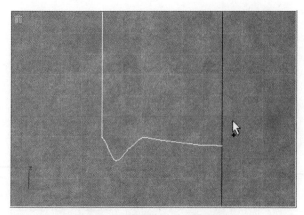

图3-9 处理罐底四分之一截面曲度

3.1.3 运用"车削"工具旋转截面图形

① 选择截面图形，然后在"修改器列表"中选择"车削"工具，如图3-10所示。

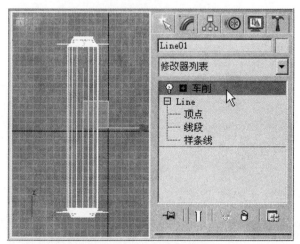

图3-10 选择车削工具

② 设置"车削"相关参数，点击 "对齐"方式下的"最大"，如图3-11所示。

图3-11 设置车削面板的相关参数

3.2 罐体上表面开口

3.2.1 建立三角形样条线

① 选择"线"工具，在顶视图中创建三角形，在弹出的"样条线"面板中点击"是"。如图3-12所示。

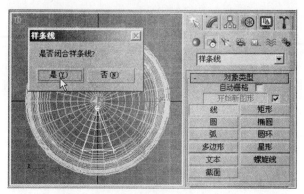

图3-12 运用"线"工具创建基本三角形

② 选择"顶点"编辑方式，框选三角形的三个顶点，如图3-13所示。

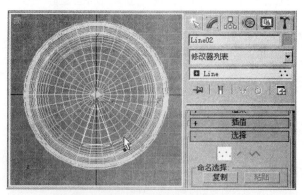

图3-13 框选三角形的三个顶点

③ 点击鼠标右键，在弹出的快捷菜单中选择"平滑"，如图3-14所示。

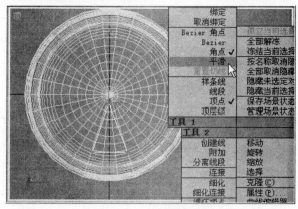

图3-14 选择平滑编辑方式

④ 平滑后的效果，如图3-15所示。

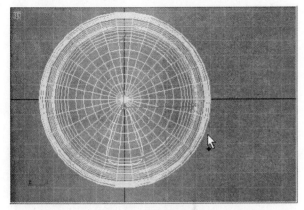

图3-15　平滑后的三角形

3.2.2 "挤出"生成网格对象

① 关闭"线"的"顶点"编辑方式，在"修改器列表"中选择"挤出"，设置数量值为"20.0"，如图3-16所示。

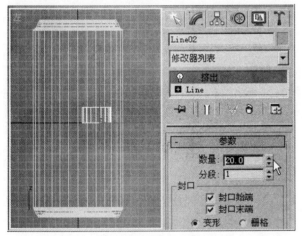

图3-16　设置挤出的参数

② 选择 ✥ （选择并移动），将挤出的三角形网格对象移至和罐体上部相切，如图3-17所示。

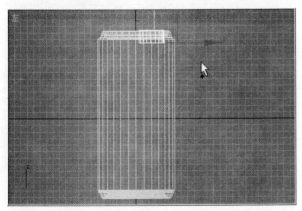

图3-17　移动三角形网格对象和罐体相切

3.2.3 运用"布尔"打出洞口

① 选择视图中的罐体，点击右侧控制面板中的"复合对象"下属命令集中的"布尔"，如图3-18所示。

图3-18　在复合对象的命令集合中选择布尔编辑方式

② 点击"拾取操作对象B"按钮，在操作方式上选择"切割-移除内部"，然后点击挤压的三角形网格对象，得到布尔运算结果，如图3-19所示。

图3-19　布尔运算的结果显示

3.3 罐体表面打字

3.3.1 创建文本

① 在"图形"的"样条线"命令集合中选择

25

"文本"工具，如图3-20所示。

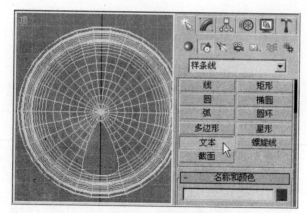

图3-20 选择文本工具

② 在"文本"输入框中输入"3DMAX"，设置字体为"Arial Black"，在顶视图点击鼠标左键，创建文本，如图3-21所示。

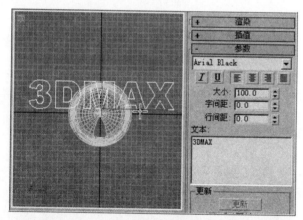

图3-21 创建文本

③ 结合工具行中的 ![icon]（选择并移动）、![icon]（等比缩放）工具，先将文本放置在罐体的上表面，然后调节文本的具体位置以及大小，如图3-22所示。

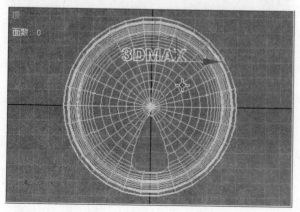

图3-22 设置文本位置及大小

3.3.2 运用"弯曲"修改器对文本进行弯曲处理

在"修改器列表"中，选择"弯曲"，在"参数"面板中，设置"角度"为"100.0"；"方向"为"90.0"，"弯曲轴"单选"X"轴，如图3-23所示。

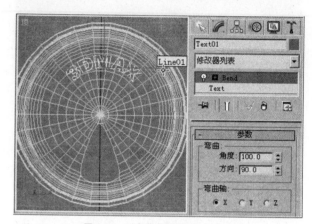

图3-23 对弯曲参数面板进行设置

3.3.3 进行图形合并

① 点击罐体，然后在右侧控制面板中，选择"复合对象"命令集合中的"图形合并"，如图3-24所示。

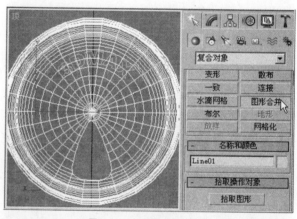

图3-24 点击图形合并命令

注：在图形合并之前，一定要先选择罐体，然后选择"图形合并"命令，最后拾取图形。

② 点击拾取图形，在视图中点取字母，如图3-25所示。

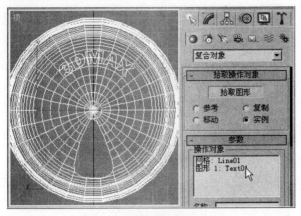

图3-25　点取字母

3.3.4　运用"面挤出"修改器生成浮雕效果

① 在"修改器列表"里选择"面挤出"，设置"数量"值为"1.0"，如图3-26所示。

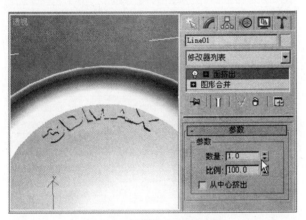

图3-26　选择面挤出并设置参数

② 点击鼠标右键，在动作堆栈栏中复制"面挤出"，如图3-27所示。

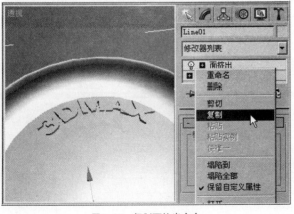

图3-27　复制面挤出命令

③ 设置复制的"面挤出"参数，"数量"为"0.5"；"比例"为"80.0"，如图3-28所示。

图3-28　设置复制面挤出的参数

3.4　罐体ID号指定

3.4.1　设置易拉罐的罐体柱面的ID

① 选择罐体点击鼠标右键，在出现的快捷菜单中转换为可编辑网格，如图3-29所示。

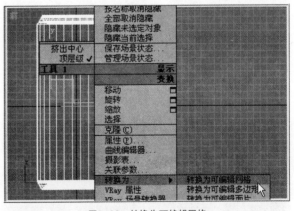

图3-29　转换为可编辑网格

② 设置工具行选择模式为◙，编辑类型选择"多边形"编辑方式，拖拽鼠标左键在前视图选择罐体部分，如图3-30所示。

③ 在工具行中切换选区方式为圆形，如图3-31所示。

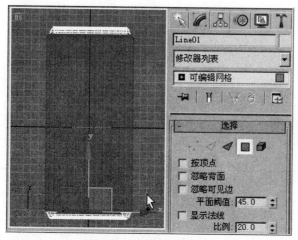

图3-30 鼠标框选罐体部分

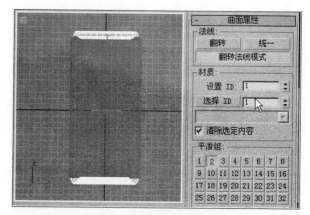

图3-33 完成易拉罐的柱面ID指定

3.4.2 设置易拉罐顶部面和底部面的 ID

① 选择菜单栏中"编辑"菜单中的"反选"，如图3-34所示。

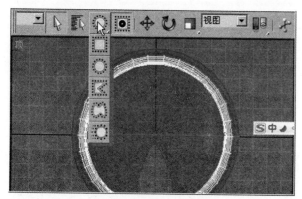

图3-31 切换选区方式为圆形

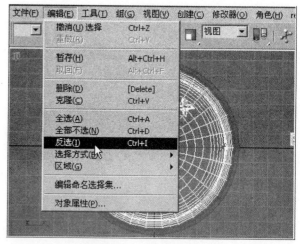

图3-34 选择反选编辑方式

② 反选后的前视图显示效果，如图3-35所示。

④ 在顶视图中，点击鼠标左键并同时按下键盘"Alt"键，从罐体的圆心向外框选合适大小，然后松开鼠标左键和键盘"Alt"键，减去不需要的面，如图3-32所示。

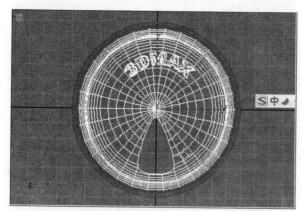

图3-32 从罐体的圆心向外框选合适大小

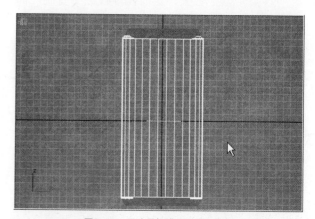

图3-35 反选易拉罐的顶部和底部

⑤ 在"曲面属性"里，"设置ID"号为"1"如图3-33所示。

③ 在"曲面属性"里，"设置ID"为："2"，如图3-36所示。

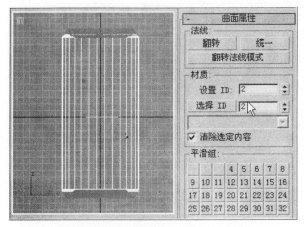

图3-36 完成易拉罐的顶部和底部的ID指定

④ 关闭动作堆栈栏中的"多边形"编辑方式，如图3-37所示。

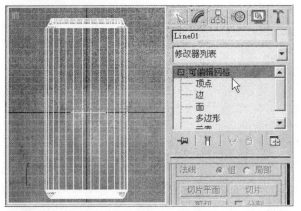

图3-37 关闭多边形编辑方式

3.5 材质编辑

3.5.1 选择"双面"材质类型

① 点击工具行中的 ![] （材质编辑器），在弹出的"材质编辑器"面板中选择第一个实例球，通过 ![] （指定场景中的对象）指定给易拉罐，如图3-38所示。

图3-38 将实例球指定给易拉罐

② 点击实例窗右下角的"Standard"，在出现的"材质/贴图浏览器"中选择"双面"，如图3-39所示。

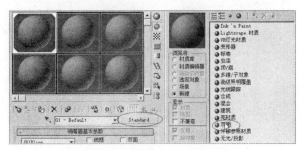

图3-39 选择双面材质贴图类型

③ 在弹出的"替换材质"面板中选择合适选项，点击"确定"，如图3-40所示。

图3-40 将旧材质保存为子材质

3.5.2 设置"双面"贴图

3.5.2.1 设置"背面材质"

① 在"双面基本参数"面板中，点击"背面材质"右侧的"Standard"按钮，如图3-41所示。

图3-41 点击背面材质右侧的"Standard"按钮

② 点击"漫反射"右侧的小按钮，在弹出的"颜色选择器：漫反射颜色"面板中，设置红绿蓝参数分别为红：77；绿：24；蓝：24，如图3-42所示。

29

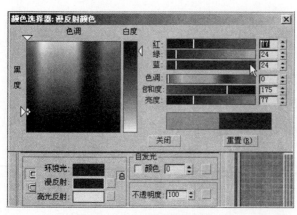

图3-42 设置红绿蓝的参数

3.5.2.2 设置"正面材质"

（1）在"正面材质"中添加"多维／子对象"贴图类型。

① 通过 （回到父级）在"双面基本参数"中点击"正面材质"右侧的"Standard"按钮，如图3-43所示。

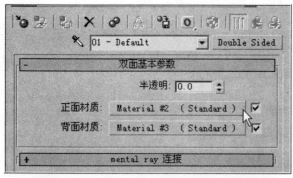

图3-43 点击正面材质右侧的"Standard"按钮

② 点击"Standard"，在弹出的"材质/贴图浏览器"中选择"多维/子对象"，如图3-44所示。

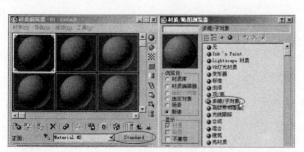

图3-44 在材质/贴图浏览器中选择多维/子对象编辑方式

③ 在弹出的"替换材质"面板中，选择合适的选项，然后点击"确定"，如图3-45所示。

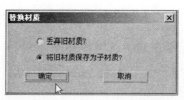

图3-45 将旧材质保存为子材质

（2）设置"多维／子对象"。

① 在"多维/子对象基本参数"面板中，点击"设置数量"按钮，在弹出的"设置材质数量"面板中，设置"材质数量"为"2"，如图3-46所示。

图3-46 设置材质数量为2

② 设置ID号1名称为"标签"；ID号2名称为"铝质感"，如图3-47所示。

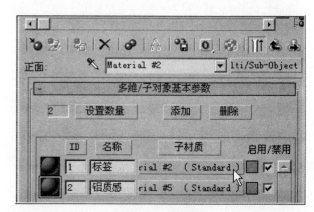

图3-47 设置名称

第一，指定"标签"的"漫反射颜色"纹理贴图。

① 点击"标签"右侧的"Standard"按钮，在"贴图"面板中，点击"漫反射颜色"右侧的"None"按钮，在弹出的"材质/贴图浏览器"中选择"位图"，如图3-48所示。

② 在"选择位图图像文件"面板中，选择"易拉罐的标签.bmp"纹理贴图资料（配套光盘提供），如图3-49所示。

图3-48 在材质/贴图浏览器中选择位图编辑方式

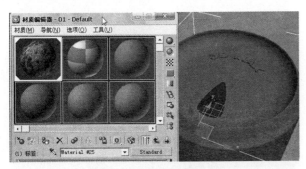

图3-49 选择光盘提供的纹理贴图资料

③ 点击 (指定视口中的易拉罐)，如图3-50所示。

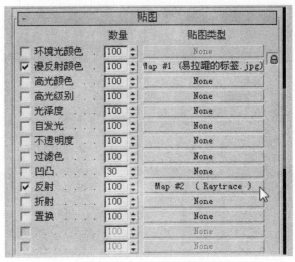

图3-51 给反射添加光线跟踪贴图

第三，设置"铝质感"的材质。

① 通过 回到多维/子对象级别，点击"铝质感"右侧的"Standard"按钮，如图3-52所示。

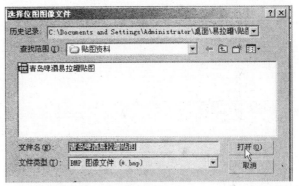

图3-52 回到多维/子对象级别

② 在"明暗器基本参数"面板中，选择"（M）金属"，设置"高光级别"为"203"；"光泽度"为"81"，如图3-53所示。

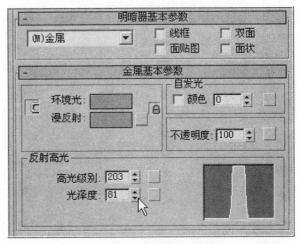

图3-50 指定视口中的易拉罐

第二，给"标签"的"反射"指定纹理贴图。

通过点击 (回到父级)按钮，展开"贴图"面板，给"反射"在"材质/贴图浏览器"中添加一个"光线跟踪"，并设置"反射"值为"40"。如图3-51所示。

图3-53 设置铝质感物理属性参数

31

③ 点击"贴图"面板中"反射"右侧的"None"按钮,在弹出的"材质/贴图浏览器"中选择"位图",如图3-54所示。

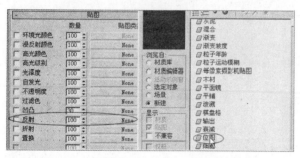

图3-54　在材质/贴图浏览器中选择位图编辑方式

④ 在弹出的"选择位图图像文件"面板中选择"金属.JPG"贴图(光盘文件提供),如图3-55所示。

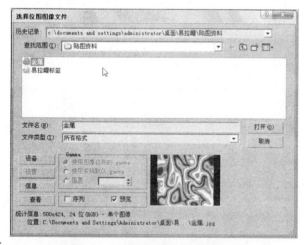

图3-55　选择光盘提供的纹理贴图资料

⑤ 在"位图参数"面板下,单选"裁剪/放

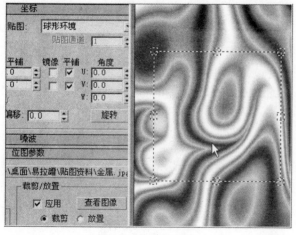

图3-56　框选局部范围

置"的"应用",并点击"查看图像",在弹出的图像中,框选局部范围,如图3-56所示。

⑥ 点击 🔄(回到父级),当前"反射"值设置为"100"。如图3-57所示。

图3-57　反射值设置为100

3.6 给易拉罐指定UVW贴图修改器

① 在"修改器列表"中,选择"UVW贴图"修改器,在"参数"的"贴图"选项中选择"柱形",如图3-58所示。

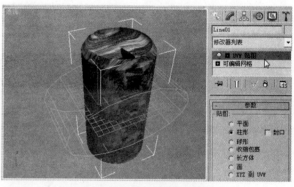

图3-58　在贴图坐标中选择柱形编辑方式

② 在"对齐"方式中选择"X"轴,并点击"适配",如图3-59所示。

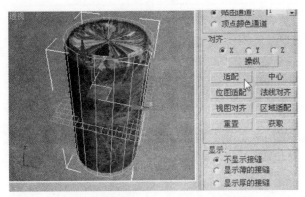

图3-59　选择X轴对齐，并点击适配编辑方式

图3-61　ActiveShade在
视图中显示效果

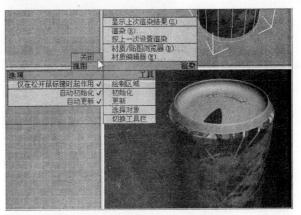

图3-62　关闭ActiveShade显示

3.7　开启关闭ActiveShade视图显示

3.7.1　开启 ActiveShade 视图显示

① 鼠标右键点击透视图左上角，在快捷菜单中选择"ActiveShade"如图3-60所示。

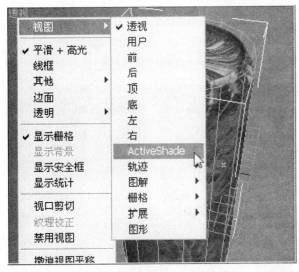

图3-60　选择ActiveShade编辑方式

② 透视图转化为ActiveShade视图，得到效果如图3-61所示。

3.7.2　关闭 ActiveShade 视图显示

再次在当前视图的左上角点击鼠标右键，在快捷菜单中选择"关闭"，如图3-62所示。

3.8　当前渲染

点击工具行中的（快速渲染），渲染透视图，如图3-63所示。

图3-63　渲染透视图

3.9 设置台面物体以及材质

3.9.1 设置台面

① 点击长方体，如图3-64所示。

② 结合工具行中 ✛（选择并移动）将长方体移至易拉罐的底端，如图3-65所示。

图3-64 点击长方体编辑方式

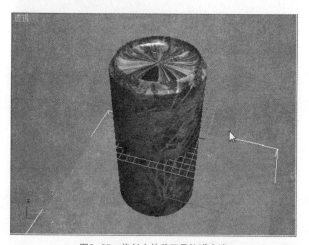

图3-65 将长方体移至易拉罐底端

3.9.2 设置长方体贴图纹理

① 选择第二个实例球，在"贴图"面板中为长方体的"漫反射颜色"在"材质/贴图浏览器"中指定一个"棋盘格"贴图，如图3-66所示。

图3-66 为长方体指定棋盘格贴图

② 设置棋盘格的UV"平铺"参数值，以及设置"颜色#1"的"颜色选择器"："红"为"40"；"绿"为"162"；"蓝"为"180"，如图3-67所示。

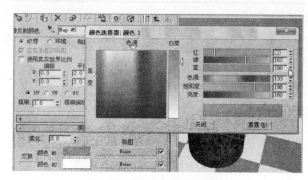

图3-67 设置颜色#1的红绿蓝值

3.10 最终渲染视图

最终渲染视图，如图3-68所示。

图3-68 最终渲染视图

第4章

相框的制作

本例相框的制作方法采用放样方式制作，通过本例制作感受放样在建模上带来的便利，因为往往看似复杂的对象，使用放样来建模就显得简单快捷。

4.1 路径以及截面图形制作

4.1.1 创建相框的路径

选择"矩形"，在顶视图中，创建合适大小的矩形路径，如图4-1所示。

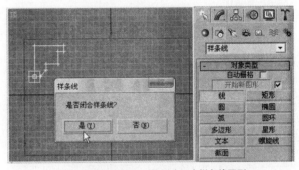

图4-2 使用"线"工具创建闭合样条线图形

② 关闭二维网格编辑，点击视图控制区的 ▣（选择对象最大化），如图4-3所示。

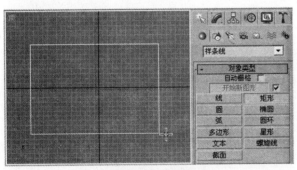

图4-1 使用矩形工具创建矩形路径

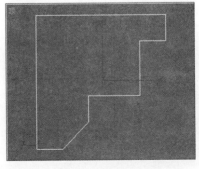

图4-3 最大化截面图形

4.1.2 创建相框的截面图形

① 选择"线"工具，点击工具行中的 ▣（二维网格捕捉），在顶视图创建一个闭合样条线作为截面图形，如图4-2所示。

③ 选择动作堆栈栏中的"顶点"编辑方式，选择视图中的相关顶点，如图4-4所示。

④ 鼠标右键点击所选择的顶点，在出现的快捷菜单中选择"平滑"方式，如图4-5所示。

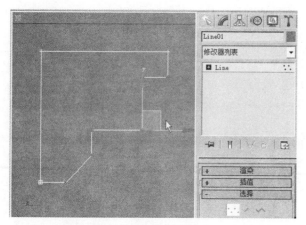

图4-4 选择顶点编辑方式

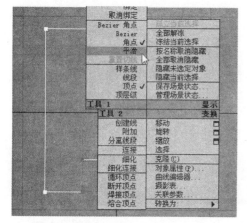

图4-5 使用平滑编辑方式处理选择的顶点

⑤ 平滑方式后的效果如图4-6所示。

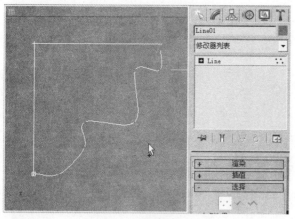

图4-6 平滑后的效果

⑥ 点击视图控制区的 ☐（视图对象最大化），当前截面图形和路径图形大小比例如图4-7所示。

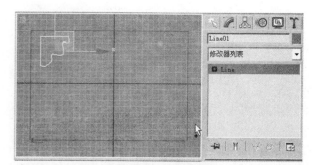

图4-7 截面图形和路径图形大小比例

4.2 相框的放样成型

① 拾取作为路径的矩形，然后点击"复合对象"中的"放样"命令，如图4-8所示。

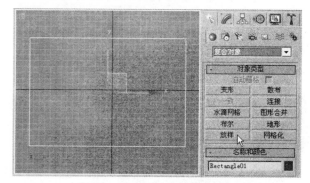

图4-8 拾取矩形点击放样编辑方式

② 点击"获取图形"，点击视图中的截面图形，如图4-9所示。

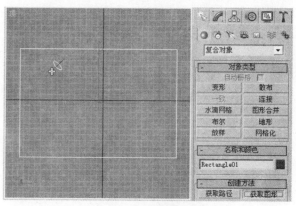

图4-9 点击获取图形按钮

③ 放样后的相框，如图4-10所示。

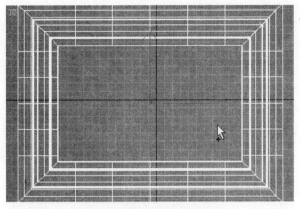

图4-10 顶视图中放样后的相框

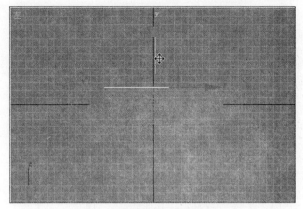

图4-13 移动相片对齐相框的底端

视图中沿着相片Y轴向移动至相框背面底端，如图4-13所示。

4.3 创建相片

① 选择"平面"，如图4-11所示。

图4-11 选择平面编辑方式

② 在顶视图创建大于相框内径的平面，如图4-12所示。

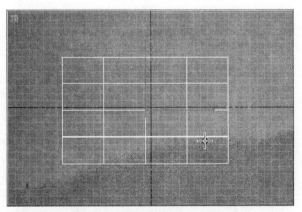

图4-12 创建大于相框内径的平面

③ 选择工具行中的 ✥ （选择并移动），在左

4.4 整体调整角度

① 全选视图中的对象，如图4-14所示。

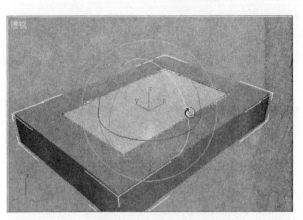

图4-14 全选视图中的对象

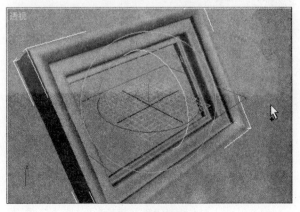

图4-15 当前旋转角度

② 选择工具行中的 ⟳（选择并旋转），沿着所有对象的X轴旋转相框和照片，角度调整如图4-15所示。

4.5 调整照片法线

① 鼠标左键点击照片，在"修改器列表"中添加"法线"，如图4-16所示。

图4-16　在修改器列表中旋转法线

② 运用法线后，照片实体显示如图4-17所示。

图4-17　照片使用法线编辑方式后的效果

4.6 材质编辑

4.6.1 相框的材质编辑

① 选择工具行中的 ▦（材质编辑器），在实例球窗口中选择第一个实例球通过 ▦（材质指定选定的对象），指定给视图中的相框，如图4-18所示。

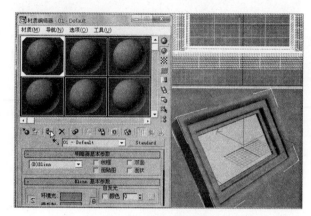

图4-18　相框的材质编辑

② 设置Blinn基本参数中的反射高光参数："高光级别"："50"；"光泽度"："18"，"柔化"："0.1"，如图4-19所示。

图4-19　设置反射高光值的相关参数

③ 展开"贴图"，点击"漫反射颜色"右侧的"None"，在弹出的"材质/贴图浏览器"中选择"位图"方式，如图4-20所示。

图4-20　在材质/贴图浏览器选择位图编辑方式

④ 选择木纹纹理贴图后（光盘资料提供），点击 ▦（在视图中显示贴图纹理），如图4-21所示。

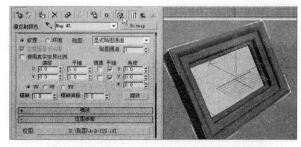

图4-21 选择纹理贴图编辑方式后显示贴图纹理

⑤ 在"修改器列表"中选择"UVW贴图"修改器，在"参数"面板中选择"贴图"方式为"平面"，如图4-22所示。

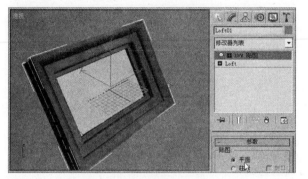

图4-22 选择贴图方式为平面

4.6.2 照片的材质编辑

① 选择第二个实例球指定给照片，设置"自发光"颜色值为："100"，如图4-23所示。

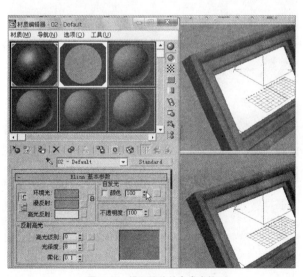

图4-23 设置照片的自发光值

② 点击"漫反射颜色"右侧的"None"，在打开的"材质/贴图浏览器"中选择"位图"，如图4-24所示。

图4-24 在材质/贴图浏览器中选择位图编辑方式

③ 选择人物纹理贴图后（光盘资料提供），点击 （在视图中显示贴图纹理），设置"W"角度为"180°"，如图4-25所示。

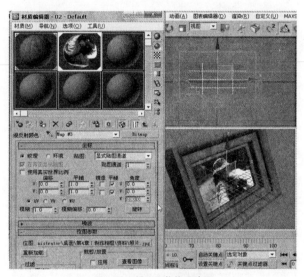

图4-25 设置人物纹理贴图

4.7 渲染输出

① 在工具行中选择 （快速渲染），然后在渲染窗口中，点击左上角"保存位图"，如图4-26所示。

图4-26 快速渲染相框

② 在弹出的"浏览图像供输出"面板中，输入"相框"，然后点击"保存"，如图4-27所示。

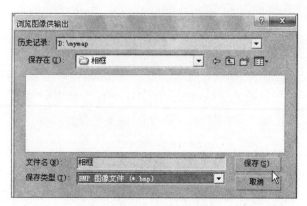

图4-27 保存输出的图像文件

③ 在弹出的 BMP 配置面板中直接点击确定，如图 4-28 所示。

图4-28 设置BMP配置

4.8 保存场景

① 在D盘新建文件夹并命名为"相框"。

② 在3ds max中，点击菜单栏的"文件"/"保存"，如图4-29所示。

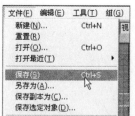

图4-29 点击保存按钮

③ 选择"相框"文件夹所在路径，在"文件名"处命名为"相框"，如图4-30所示。

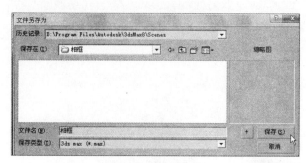

图4-30 命名为相框

4.9 打开文件

鼠标打开电脑D盘，找到"相框"文件夹，打开保存的"相框.bmp"文件，如图4-31所示。

图4-31 最终完成效果

第5章
螺丝刀和螺丝钉的制作

在3ds max修改器列表中，"放样"在二维图形建模中占据着重要的地位，放样对象是基于两条不同属性的样条线，一条作为路径，一条作为截面图形，路径决定了放样对象的基本形态、弯曲程度，截面图形决定了放样对象的截面形状，路径只能有一条，截面图形可以有多个。

本例以螺丝刀的制作为例，重点让大家掌握在路径的百分比不同位置上获取不同造型的二维图形建模的方法。

图5-1　选择星形编辑方式

5.1　螺丝刀的制作

5.1.1　螺丝刀的放样截面图形制作

5.1.1.1　制作六边形截面

① 选择"样条线"中的"星形"，如图5-1所示。

② 在顶视图中创建"星形"，设置参数为："半径1"为："67.0"；"半径2"为："93.0"；"点"为："6"，如图5-2所示。

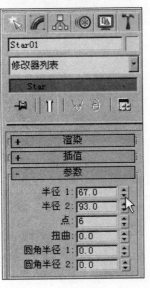

图5-2　设置星形的参数

③ 鼠标右键点击工具行中的 ✛（选择并移动），在弹出的"移动变换输入"框中，将图形

的"X"、"Y"、"Z"坐标轴心全都设置为"0.0",顶视图中的效果,如图5-3所示。

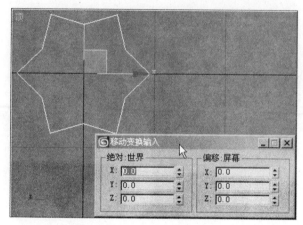

图5-3 顶视图中的效果

④ 选择"图形",同时点击鼠标的右键,在出现的菜单中选择 "转换为可编辑的样条线",如图5-4所示。

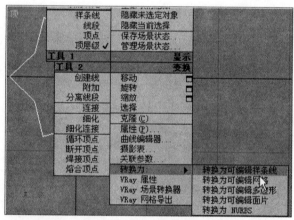

图5-4 转换为可编辑的样条线

⑤ 点击"顶点"编辑,如图5-5所示。

图5-5 选择顶点编辑方式

⑥ 在顶视图中,选择视图中的六个顶点,如图5-6所示。

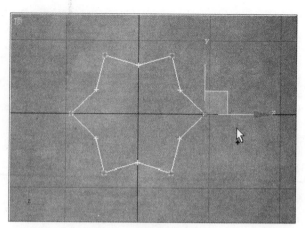

图5-6 选择视图中的顶点

⑦ 点击"顶点"编辑下属工具中的"切角"按钮,如图5-7所示。

图5-7 选择顶点编辑方式中的切角按钮

⑧ 确保当前全选的状态下,调节视图切角效果,如图5-8所示。

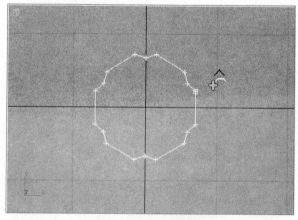

图5-8 切角后的星形效果

⑨ 点击所有的角点,如图5-9所示。

⑩ 点击鼠标右键,在快捷菜单中选择"平滑",如图5-10所示。

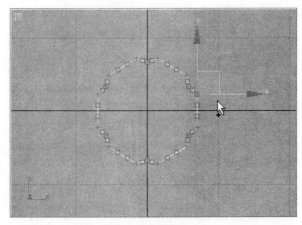

图5-9　点击所有角点

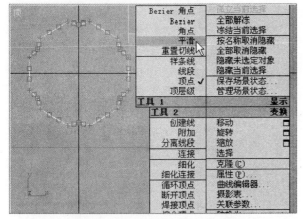

图5-10　对所选择的顶点进行平滑处理

⑪ 关闭"顶点"编辑方式，完成六边形的截面编辑，如图5-11所示。

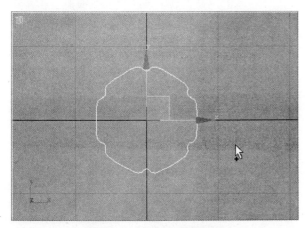

图5-11　六边形最终编辑效果

5.1.1.2　螺丝刀的放样圆形截面制作

在顶视图中，分别制作三个半径为"55"、"40"、"15"的圆形，分别命名为"大圆"、"中圆"、"小圆"，如图5-12所示。

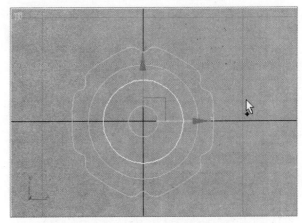

图5-12　创建三个大小不一的圆形

5.1.1.3　螺丝刀放样的四角形截面制作

① 结合🔍（缩放）工具，调整视图后，在顶视图创建"星形"，参数设置："半径1"为："18.0"；"半径2"为："8.0"；"点"为："4"，如图5-13所示。

图5-13　设置四角形的参数

② 当前视图四角形的效果，如图5-14所示。

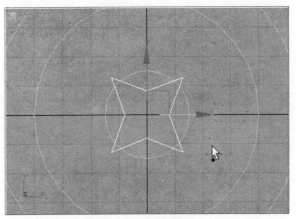

图5-14　当前四角形效果

43

③ 点击鼠标右键，在出现的快捷菜单中将四角形"转换为可编辑的样条线"，然后选择"顶点"编辑方式，选择四个顶点，如图5-15所示。

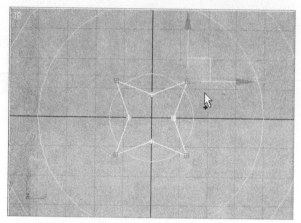

图5-15　顶点编辑方式下选择四边形的角点

④ 在"顶点"编辑方式中，选择面板中的 切角 命令，将视图的四个顶点进行切角处理，如图5-16所示。

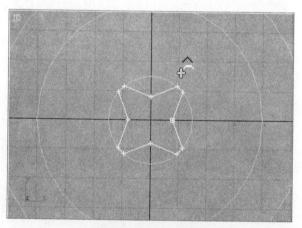

图5-16　切角后的四角形效果

⑤ 关闭"顶点"编辑方式，得到当前所有截面对象的大小比例效果，如图5-17所示。

5.1.2　制作螺丝刀的路径

结合 🔍（缩放）工具，调整前视图后，选择 线 工具，在前视图从上到下绘制一条直线，直线大小如图5-18所示。

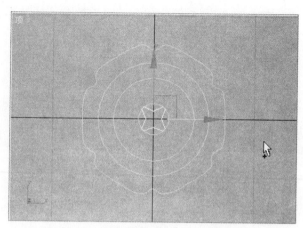

图5-17　当前所有截面对象的大小比例效果

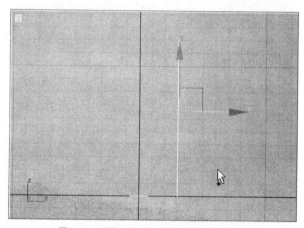

图5-18　选择"线"工具在前视图画出直线

注：注意所绘制的直线长度和截面图形在前视图中的大小比例关系。

5.1.3　放样螺丝刀

5.1.3.1　拾取"小圆"的截面放样1

① 确保选择视图中的"直线"作为路径，点击"复合对象"面板中的"获取图形"按钮，如图5-19所示。

② 点击视图中的"小圆"，初次放样后得到透视图效果，如图5-20所示。

③ 点击 ✏️（修改），打开"蒙皮"卷展栏，在显示面板中，勾除"显示"下方"蒙皮"前面的单选勾，勾选"蒙皮于着色视图"，图5-21所示。

图5-19 点击复合对象中的
获取图形编辑方式

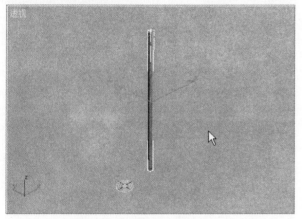

图5-20 拾取小圆后获得的放样成型

图5-21 对放样对象的
视图显示设置

5.1.3.2 拾取"大圆"的截面放样1

① 在"路径参数"面板中，设置"路径"值为"1.0"，点取"获取图形"按钮，如图5-22

所示。

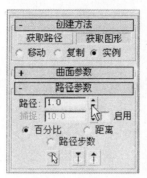

图5-22 设置路径为1.0

② 鼠标点击顶视图中的"大圆"，在前视图中效果，如图5-23所示。

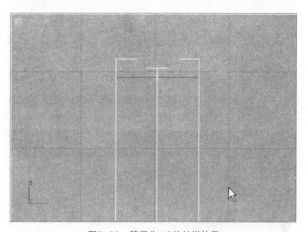

图5-23 路径为1.0的放样效果

5.1.3.3 拾取"大圆"的截面放样2

① 用同样的方法设置"路径"参数为"5.0"，选择"获取图形"按钮，如图5-24所示。

图5-24 设置路径为5.0

② 点击顶视图中的"大圆"得到前视图效果，如图5-25所示。

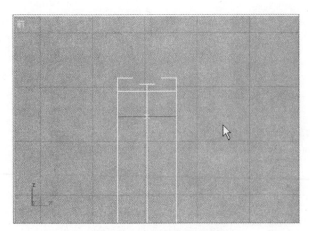

图5-25　路径为5.0的放样效果

5.1.3.4　拾取"六边形"的截面放样1

用同样的方法设置"路径"为"5.5"，选择"获取图形"按钮，点击顶视图中的"六边形"截面，得到效果，如图5-26所示。

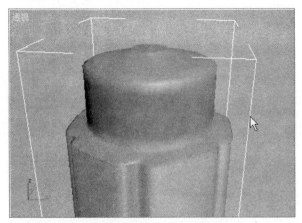

图5-26　路径为5.5的放样效果

5.1.3.5　拾取"六边形"的截面放样2

用同样的方法设置"路径"为"25.0"，选择"获取图形"按钮，再次点击顶视图中的"六边形"截面，得到效果，如图5-27所示。

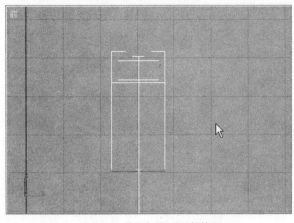

图 5-27　路径为25.0的放样效果

5.1.3.6　拾取"大圆"的截面放样3

用同样的方法设置"路径"为"25.5"，选择"获取图形"按钮，再次点击顶视图中的"大圆"，得到效果，如图5-28所示。

图5-28　路径为25.5的放样效果

5.1.3.7　拾取"中圆"的截面放样

用同样的方法设置"路径"为"30.0"，选择"获取图形"按钮，再次点击顶视图中的"中圆"，得到效果，如图5-29所示。

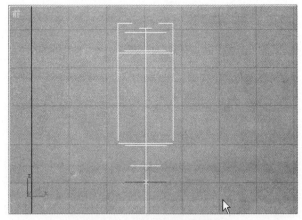

图5-29　路径为30.0的放样效果

5.1.3.8　拾取"大圆"的截面放样4

用同样的方法设置"路径"为"38.5"，选择"获取图形"按钮，再次点击顶视图中的"大圆"，得到效果，如图5-30所示。

5.1.3.9　拾取"小圆"的截面放样2

用同样的方法设置"路径"为"39.0"，选择"获取图形"按钮，再次点击顶视图中的"小

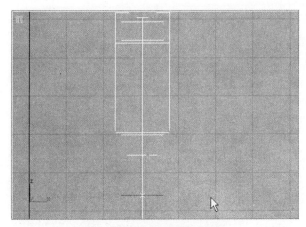

图5-30 路径为38.5的放样效果

圆"，得到效果，如图5-31所示。

5.1.3.10 拾取"小圆"的截面放样3

用同样的方法设置"路径"参数为"96"，选择"获取图形"按钮，再次点击顶视图中的"小圆"，得到效果，如图5-32所示。

5.1.3.11 拾取"四角形"的截面放样

用同样的方法设置"路径"为"98.0"，选择

"获取图形"按钮，再次点击顶视图中的"四角形"，得到效果，如图5-33所示。

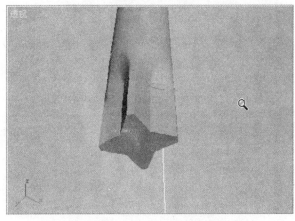

图5-33 路径为98.0的放样效果

5.1.3.12 拾取"小圆"的截面放样4

用同样的方法设置"路径"为"100.0"，选择"获取图形"按钮，再次点击顶视图中的"小圆"，得到效果，如图5-34所示。

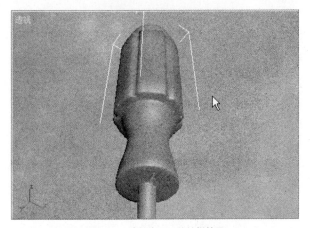

图5-31 路径为39.0的放样效果

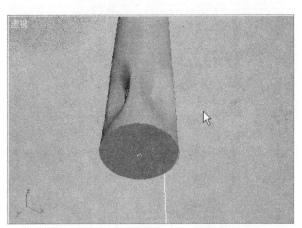

图5-34 路径为100.0的放样效果

5.1.4 使用"缩放"调节螺丝刀刀把部分的截面大小

① 展开"变形"卷展栏，点击"缩放"按钮，如图5-35所示。

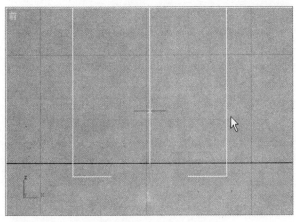

图5-32 路径参数为96的放样效果

图5-35 选择缩放编辑方式

② 在缩放的浮动面板中，结合右下角中的 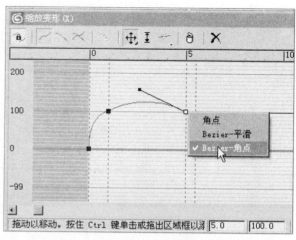（水平缩放），放大局部显示，选择 （插点）工具在路径的1%的位置插入点，结合 （移动）工具，以及鼠标右键的"Bezier-角点"工具缩放"0%"点的缩放曲度，如图5-36所示。

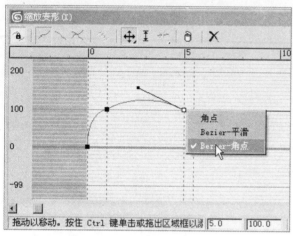

图5-36　Bezier-角点调节当前曲度

③ 用 （插点）工具，在路径"5%"处插入一点，如图5-37所示。

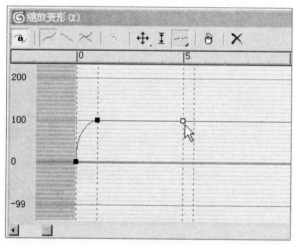

图5-37　在路径5%处插入一点

④ 使用"Bezier"调节截面曲度，如图5-38所示。

⑤ 当前透视图效果，如图5-39所示。

图5-38　当前曲度调节

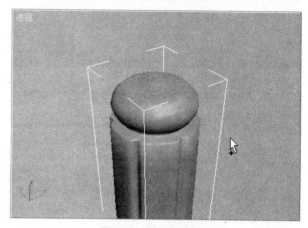

图5-39　当前透视图效果

5.1.5　复制路径中的"大圆"

① 在"修改器列表"中展开"Loft"堆栈级别，点击"图形"编辑，如图5-40所示。

图5-40　展开Loft堆栈，选择图形编辑方式

② 在前视图中点取"大圆"截面图形，如图5-41所示。

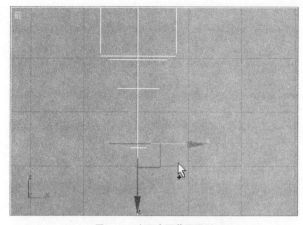

图5-41　点取大圆截面图形

③ 结合工具行中的 ⊕（选择并移动）工具将截面图形沿着"Z"轴复制，在弹出的"复制图

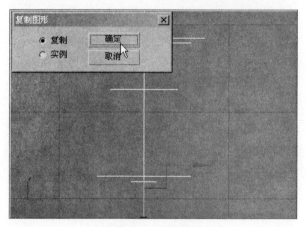

图5-42　复制1份

形"面板中选择"复制"，然后"确定"，如图5-42所示。

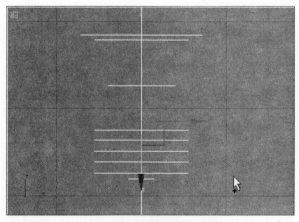

图5-43　复制5份

④ 用同样的方法沿着"Z"轴"复制"另外"5"份，如图5-43所示。

⑤ 选择"复制"的"6"份，结合工具行中的 ⊕（选择并移动）工具将"6"份截面图形沿着"Z"轴"复制"，如图5-44所示。

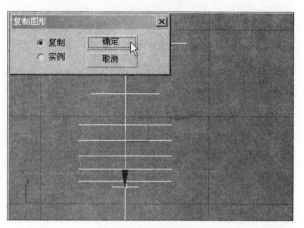

图5-44　复制6份

5.1.6　使用"等比缩放"调节相关的截面图形

① 使用工具行中的 ▣（等比缩放），沿着"XY"轴缩放到合适大小，如同5-45所示。

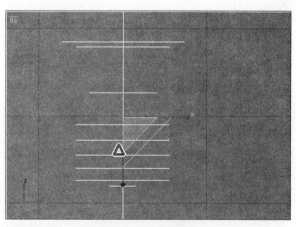

图5-45　缩放合适大小

② 关闭右侧"Loft"堆栈栏中的"图形"编辑方式，得到效果，如图5-46所示。

图5-46　缩放后的外观效果

5.1.7　使用"缩放"调节螺丝刀刀头部分的截面大小

① 在"路径"的"98%"处插入点，如图5-47所示。

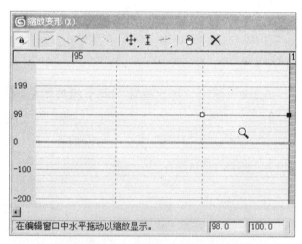

图5-47　在路径98%处插入点

② 选择路径的"100%"处插入点，缩放为"10"，如图5-48所示。

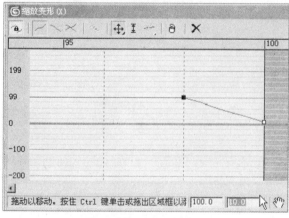

图5-48　路径100%处缩放10

③ 勾选"蒙皮参数"面板下方，"显示"选项中的"蒙皮"，完成螺丝刀的建模过程，如图5-49所示。

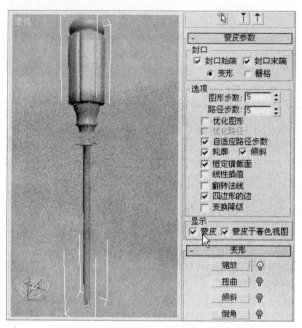

图5-49　螺丝刀整体效果

5.2　螺丝刀的ID号设置

① 鼠标右键点击"螺丝刀"将其"转换为可以编辑的网格"，选择"多边形"编辑方式，如图5-50所示。

② 结合 （选择对象）框选前视图螺丝刀底端，如图5-51所示。

图5-50　选择多边形编辑方式

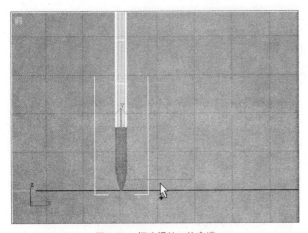

图5-51 框选螺丝刀的底端

③ 在"多边形"的编辑面板中，设置"材质ID"号为"1"，如图5-52所示。

图5-52 设置ID号为1

④ 在菜单栏的"编辑"中选择"反选"，材质"设置ID"号为"2"，如图5-53所示。

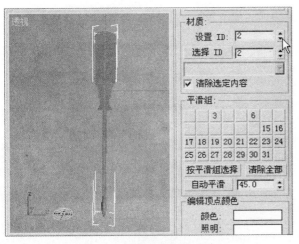

图5-53 选择反选后设置ID号为2

⑤ 结合 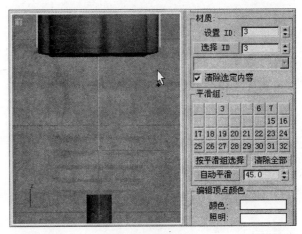 （选择对象）工具，选择如图5-54所示部分，材质"设置ID"号为"3"。

图5-54 设置ID号为3

⑥ 同样方法选择螺丝刀的手把部分，材质"设置ID"号为"4"，如图5-55所示。

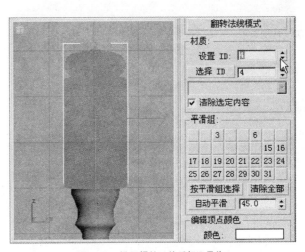

图5-55 设置螺丝刀的手把ID号为4

⑦ 关闭"多边形"编辑方式完成材质 ID 号设置。

5.3 建立台面

① 点击 ▭ 平面 ，如图5-56所示。

② 在顶视图建立合适大小后，调整位置和视角，效果如图5-57所示。

图5-56 选择平面编辑方式

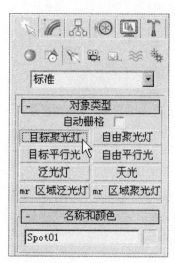

图5-57 调整位置和视角

5.4 创建灯光

① 点击"目标聚光灯"，如图5-58所示。

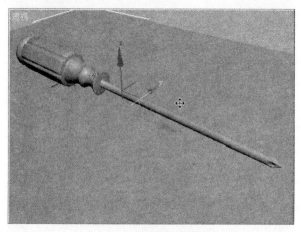

图5-58 选择目标聚光灯
编辑方式

② 在顶视图中建立"目标聚光灯"，如图5-59所示。

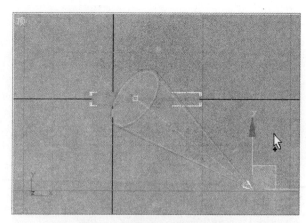

图5-59 顶视图中目标聚光灯位置

③ 使用工具行中的 ✛ （选择并移动）调节聚光灯的高度，如图5-60所示。

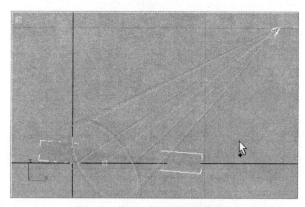

图5-60 前视图中目标聚光灯的位置

④ 结合工具行的 （选择并操纵）调节目标聚光区和衰减区大小，如图5-61所示。

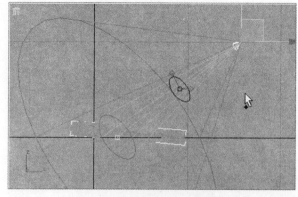

图5-61 调节目标聚光灯的衰减区大小

⑤ 当前透视图效果如图5-62所示。

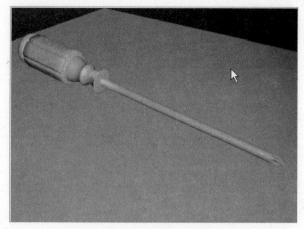

图5-62 当前螺丝刀的整体效果

⑥ 开启灯光的"阴影"，在"常规参数"中勾选"阴影"下方"启用"前的单选钩，如图5-63所示。

⑦ 设置"对象阴影"的"密度"为"0.5"，如图5-64所示。

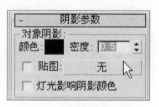

图5-63 启用阴影编辑方式   图5-64 设置对象阴影密度为0.5

5.5 创建螺丝钉

① 点击"圆柱体"，如图5-65所示。

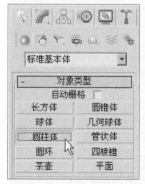

图5-65 选择圆柱体编辑方式

② 在顶视图合适的位置创建"圆柱体"命名为"螺丝钉"，设置"参数"："半径"为"10.0"；"高度"为"60.6"，如图5-66所示。

图5-66 设置螺丝钉的参数

③ 透视图中，"螺丝钉"的比例大小，如图5-67所示。

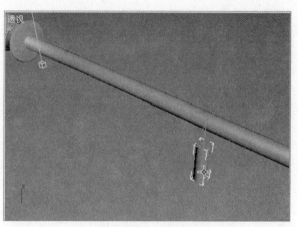

图5-67 螺丝钉的比例大小

④ 结合键盘"Alt"加"Q"键组合命令，孤立螺丝钉，结合 📭（所有视图最大化显示）工具，调整视角位置，如图5-68所示。

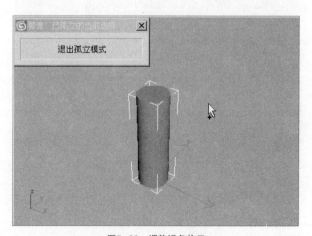

图5-68 调整视角位置

⑤ 选择"球体"，如图5-69所示。

图5-69 选择球体编辑方式

⑥ 在顶视图中创建"球体"，设置"参数"："半径"为"16.0"；"分段"为"32"；"半球"为"0.5"，如图5-70所示。

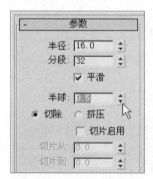

图5-70 设置球体参数

⑦ 在前视图中，选择"球体"，结合 ✛（选择并移动）工具，沿着Y轴向下移动和"螺丝钉"相切，结合工具行中的 ◈（对齐）工具，点击"螺丝钉"，如图5-71所示。

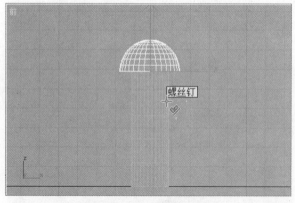

图5-71 相切后选择对齐工具

⑧ 在弹出的"对齐当前选择（螺丝钉）"设置框中，勾选"X位置"、"Y位置"，如图5-72所示。

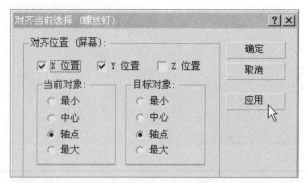

图5-72 勾选X位置、Y位置

⑨ 鼠标右键单击 ▣（缩放）在出现的"缩放变换输入"框中，设置"Z"轴值为"70.0"，如图5-73所示。

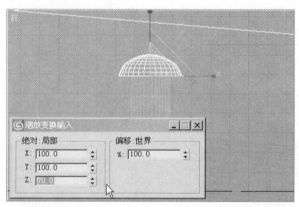

图5-73 设置缩放变换输入框的值

⑩ 右键点击"螺丝钉"，在出现的快捷菜单面板中选择"转换为可以编辑的多边形"，在编辑几何体面板中，点击"附加"，点击视图中的"球体"完成附加，如图5-74所示。

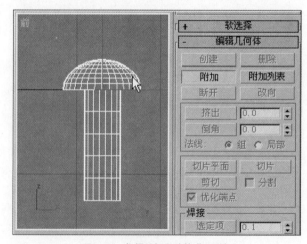

图5-74 将螺丝钉和球体进行附加

⑪ 选择"螺旋线"，如图5-75所示。

图5-75　选择螺旋线编辑方式

⑫ 在顶视图中，对齐"螺丝钉"的轴心处，建立"螺旋线"（也可结合  工具进行对齐），参数"半径1"为"10.0"；"半径2"为"10.0"；"高度"为"40.0"；"圈数"为"10.0"，如图5-76所示。

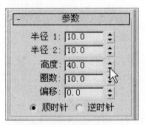

图5-76　设置螺旋线的参数

⑬ 前视图中，"螺旋线"的大小位置情况，如图5-77所示。

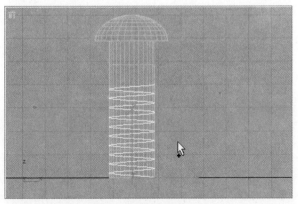

图5-77　当前螺旋线的位置

⑭ 打开螺旋线"渲染"的卷展栏，勾选"在渲染中启用"和"在视口中启用"，并设置"厚度"为"3.0"，如图5-78所示。

图5-78　设置渲染值

⑮ 设置出前视图的实体着色模式，如图5-79所示。

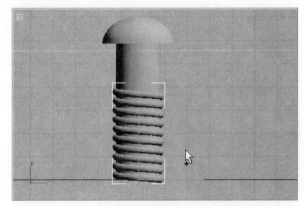

图5-79　设置出前视图的实体着色模式

⑯ 将螺旋线"转换为可以编辑的网格"，如图5-80所示。

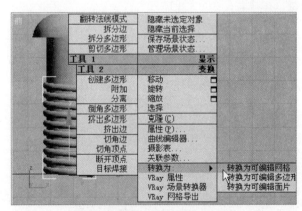

图5-80　将螺旋线转换为可编辑网格

⑰ 选择"顶点"编辑方式，在前视图中选择螺旋线顶点截面上的组点，（可结合键盘Alt键减去多选的点），如图5-81所示。

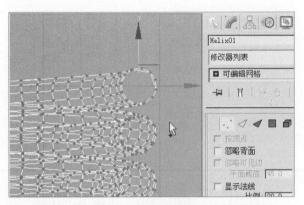

图5-81 顶点编辑方式中选择螺旋线顶点截面上的组点

⑱ 在"顶点"编辑方式下，展开"软选择"卷展栏，勾选"使用软选择"，勾选"边距离"，设置值为"10"，如图5-82所示。

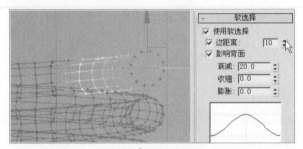

图5-82 勾选使用软选择，设置边距离的值为10

⑲ 结合工具行中的▣（缩放），等比缩放选择的组点，如图5-83所示。

图5-83 缩放后的组点效果

⑳ 点击"螺旋线"的"顶点"编辑级别，点击"螺丝钉"，结合"布尔"运算方式中的"差集A-B"的运算方式点取"螺旋线"，得到效果，如图5-84所示。

图5-84 布尔运算后的螺丝钉

㉑ 点击▨（变形）按钮，在"修改器列表中"选择"FFD 4x4x4"，并选择"控制点"编辑方式，如图5-85所示。

图5-85 选择控制点编辑方式

㉒ 结合▣（缩放）在前视图中，沿着"XY"轴方向缩放"螺丝钉"的底端和中间部分的粗细程度，如图5-86所示。

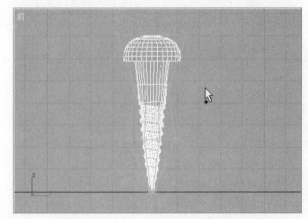

图5-86 缩放螺丝钉的底端和中间部分的粗细程度

㉓ 鼠标右键点击视图中的"螺丝钉"，在出现的快捷菜单中将其"转换为可编辑的多边形"，

选择"多边形"编辑方式，选择"螺丝钉"的螺帽部分，点击"分离"命令按钮，在出现"分离"面板中命名为"螺帽"，如图5-87所示。

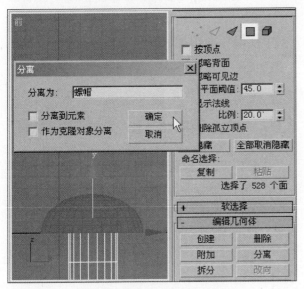

图5-87　将螺丝钉的螺帽部分分离

㉔ 在视图中建立一个"长方体"和"螺丝钉"相切，大小位置如图5-88所示。

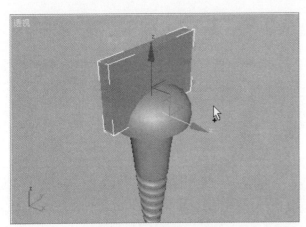

图5-88　长方体和螺丝钉相切

㉕ 开启工具行中的 ◣（角度捕捉切换），选择结合 ↻（选择并旋转）沿着"Z"轴，结合键盘"Shift"键，90°夹角复制"长方体"，如图5-89所示。

㉖ 用"布尔"运算中的"并集"方式将两个长方体"合并"，并"转换为可编辑的网格"，选择"顶点"编辑方式，将选择的组点沿着"Y"轴

向下移动到合适位置，如图5-90所示。

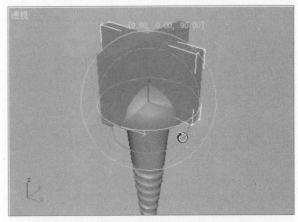

图5-89　复制后的长方体和原长方体夹角为90°

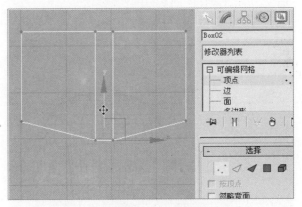

图5-90　当前顶点编辑下所选组点的位置

㉗ 关闭"顶点"编辑方式，选择"螺帽"，再次运用"布尔"运算的"差集A-B"方式减去"长方体"，结果如图5-91所示。

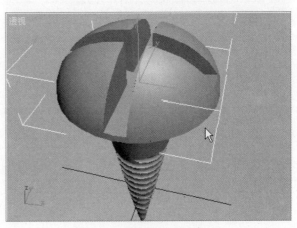

图5-91　当前布尔运算的差集效果

注：也可以在制作螺丝钉的时候，单独做螺帽，减去长方体，然后合并螺钉部分，方法要灵活。

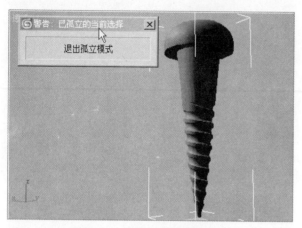

图5-92　转换为可编辑的多边形

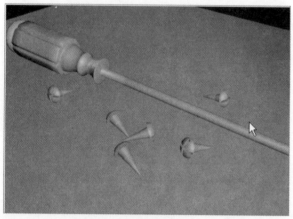

图5-93　复制若干螺丝钉

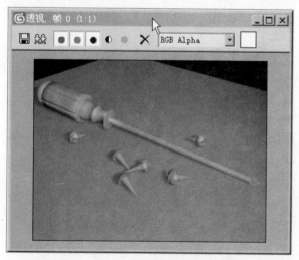

图5-94　当前渲染的效果

㉘鼠标右键点击"螺丝钉"，在出现的快捷菜单中将对象"转换为可编辑的多边形"，点击"退出孤立模式"，如图5-92所示。

㉙调整视图，并复制若干"螺丝钉"，随机摆放合适的位置，如图5-93所示。

㉚渲染透视图效果，如图5-94所示。

5.6 为螺丝刀和螺丝钉以及桌面设置材质

5.6.1 设置螺丝刀的材质

5.6.1.1 指定"多维/子对象材质"

① 设置材质，打开"材质编辑器"，选择第一个"实例球"，通过（将材质指定给对象）赋予"螺丝刀"并点击"实例球"窗口右下方的 ▢ Standard （标准）按钮，如图5-95所示。

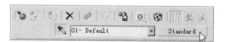

图5-95　点击Standard材质类型

② 在"材质/贴图浏览器"中选择"多维/子对象"贴图方式，如图5-96所示。

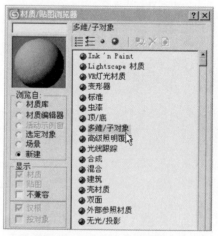

图5-96　选择多维/子对象贴图方式

5.6.1.2 ID号"设置数量"并分别命名

ID"设置数量"为"4"，并在"名称"栏里分别为相应的ID号命名，方便我们识别"螺丝刀"

各个材质的组成部分，如图5-97所示。

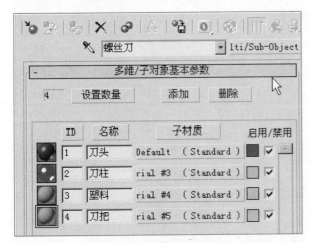

图5-97　将材质组成部分分别命名

5.6.1.3　设置螺丝刀各组成部分的材质

（1）刀头的材质。

设置"漫反射"RGB的颜色为"0"、"0"、"0"，在"反射高光"下属参数中：设置"高光级别"为"62"；"光泽度"为"35"，"柔化"为"0.1"，如图5-98所示。

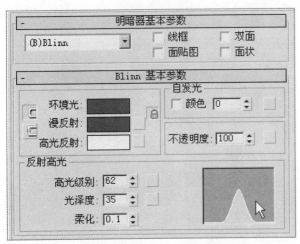

图5-98　ID号1刀头的参数设置

（2）刀柱的材质。

① 在"明暗器基本参数"中选择"金属"方式，在"反射高光"下属参数中，设置"高光级别"为"351"；"光泽度"为"86"，如图5-99所示。

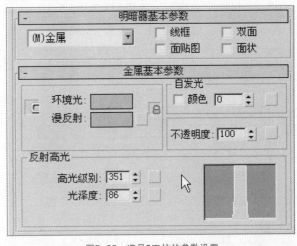

图5-99　ID号2刀柱的参数设置

② 在"贴图"设置中，为"反射"添加"光线跟踪"材质，值为"100"，如图5-100所示。

图5-100　刀柱的反射中添加光线跟踪材质

（3）塑料的材质。

ID号3塑料部分的材质，设置"漫反射"颜色RGB的值分别为："255"、"0"、"0"，在反射高光下属参数中，设置"高光级别"为"88"；"光泽度"为"25"；"柔化"为"0.1"，如图5-101所示。

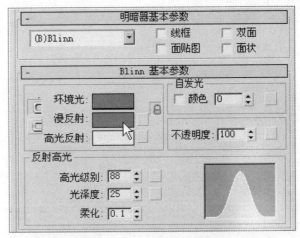

图5-101　ID号3塑料的参数设置

（4）刀把的材质。

① 设置"漫反射"RGB的颜色分别为"0"、

"0"、"255"，设置"不透明度"为"32"，在"反射高光"下属参数中，设置"高光级别"为"83"；"光泽度"为"38""柔化"为"0.1"，如图5-102所示。

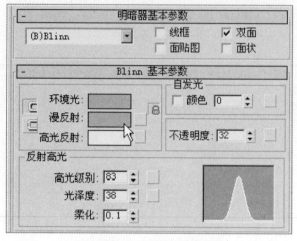

图5-102　ID号4刀把的参数设置

② 在"贴图"级别中，给"反射"添加一个"光线跟踪"，值为"30"，如图5-103所示。

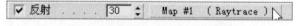

图5-103　在反射中添加光线跟踪材质

5.6.1.4　螺丝钉的材质设置

选取第二个"实例球"，在"明暗器基本参数"中选择"金属"方式，在"反射高光"下属参数中，设置"高光级别"为"351"；"光泽度"为"86"，如图5-104所示。

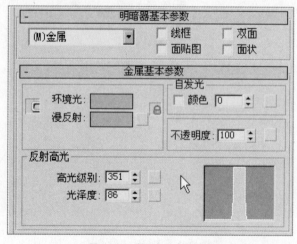

图5-104　螺丝钉的参数设置

5.6.1.5　台面的材质

① 选取第三个"实例球"，展开"贴图"卷展栏，在"漫反射颜色"贴图中添加了一个"胡桃木.jpg"的纹理贴图（资料光盘提供），在"反射"贴图中添加了"光线跟踪"并设置值为"20"，如图5-105所示。

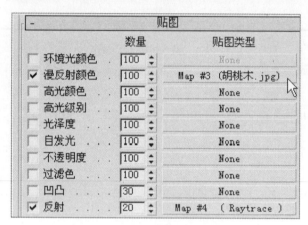

图5-105　台面的材质设置

② "材质编辑器"实例球窗口的材质效果，如图5-106所示。

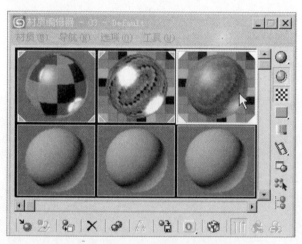

图5-106　当前材质编辑器三个实例球效果

5.7 调整画面

根据表现需要可调整画面，再增加一个强度倍数为"0.2"的"目标聚光灯"作为辅助光，如图5-107所示。

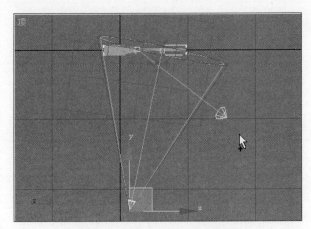

图5-107　添加目标聚光灯作为辅助光

5.8 最终渲染

调用"Mental ray"渲染器，渲染透视图，最终

效果如图5-108所示。

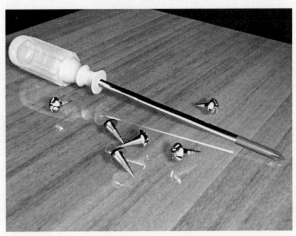

图5-108　最终效果图

第6章
挂钟的制作

给物体添加动画，具体的环节涉及物体的移动旋转等动作命令，结合"轨迹视图"，利用参数来控制，对动画的编辑会达到事半功倍的效果，本例结合对挂钟的指针动画的制作，介绍轨迹视图的相关参数用法。

6.1 表盘制作

① 选择"切角圆柱体"，如图6-1所示。

图6-1　选择切角圆柱体编辑方式

② 在前视图中创建"切角圆柱体"后，点选 (修改) 按钮，在"参数"卷展栏中设置："半径"为"100.0"；"高度"为"3.0"；"圆

角"为"0.5"；"高度分段"为"1"；"圆角分段"为"1"；"边数"为"35"，如图6-2所示。

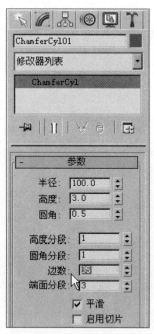

图6-2　设置切角圆柱体各项参数

③ 鼠标右键点击 (选择并移动)，在弹出的"移动变换输入"框中，绝对：世界的"X"、"Y"、"Z"值设置为"0.0""-0.0""0.0"，如图6-3所示。

④ 前视图"切角圆柱体"效果如图6-4所示。

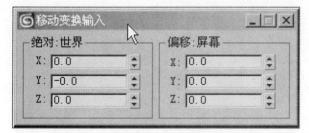

图6-3　设置切角圆柱体为视图轴心位置

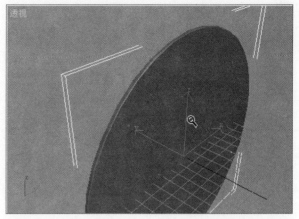

图6-6　当前透视效果

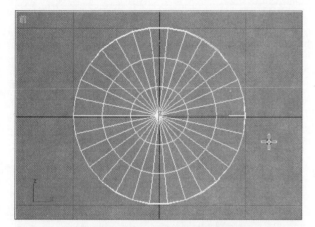

图6-4　前视图切角圆柱体位置

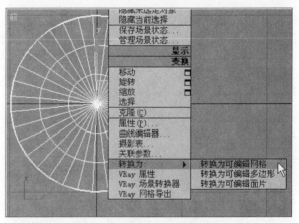

图6-7　将表盘转换为可编辑网格

⑤ 将"ChamferCyl"命名为"表盘"。如图6-5所示。

图6-5　将ChamferCyl命名为表盘

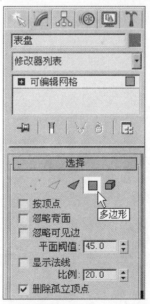

⑥ 当前透视图的效果，如图6-6所示。

⑦ 鼠标右键点击"表盘"，在快捷菜单中，将对象"转换为可编辑网格"，如图6-7所示。

⑧ 在右侧控制面板中，选择"可编辑网格"中的"多边形"编辑方式，如图6-8所示。

图6-8　选择多边形编辑方式

⑨ 鼠标先后点击工具行中的 ▓（选择对象）、▣（圆形选择区域）以及 ▣（窗口/交叉），从表盘轴心向外选择合适范围，如图6-9所示。

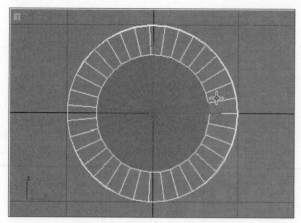

图6-9 使用圆形选择方式进行选区

图6-11 选择文本编辑方式

图6-12 设置文本的参数

⑩ 选择键盘的"Delete"键，删掉选区，得到透视图效果，如图6-10所示。

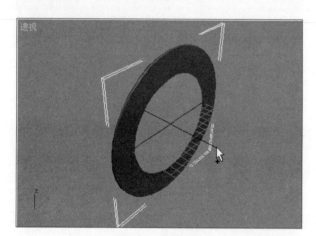

图6-10 透视图效果

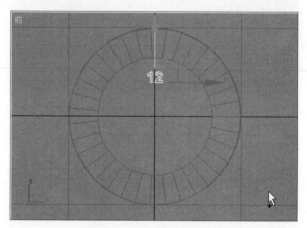

图6-13 建立数字"12"

6.2 时间数字的制作

6.2.1 制作时间数字

① 选择"文本"工具，如图6-11所示。

② 在"文本"下属的文本框里输入"12"，然后设置字体的样式为"Arial Bold"以及字体"大小"为"30.0"，如图6-12所示。

③ 在前视图中点鼠标左键，建立数字"12"，如图6-13所示。

④ 鼠标右键点击工具行的 ✛（选择并移动），在弹出的"移动变换输入"框中，设置"绝对：世界""X"为"0.0"；"Y"为

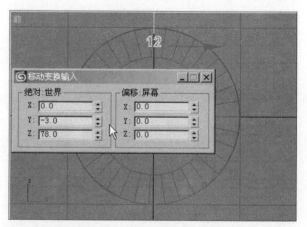

图6-14 运用移动变换输入框，调整文本坐标位置

"-3.0"；"Z"为"78.0"，如图6-14所示。

⑤ 点击 ▨（修改），在"修改器列表"中选择"壳"命令，在"参数"中设置"外部量"为

"1.0"如图6-15所示。

图6-15　设置"壳"参数

⑥ 透视图效果，如图6-16所示。

图6-16　当前数字效果

6.2.2　复制时间数字

① 点击 （层次）下属的"仅影响轴"按钮，如图6-17所示。

图6-17　选择仅影响轴编辑方式

② 在前视图中，鼠标右键点击 （选择并移动），在弹出的"移动变换输入"框中，设置"X"、"Y"、"Z"值都为"0.0"，如图6-18所示。

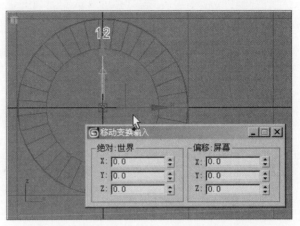

图6-18　在移动变换输入框中，设置数字坐标轴的位置

③ 鼠标再次点击"仅影响轴"，结束数字的定位。

④ 点击工具行中的 （选择并旋转），以及 （角度捕捉切换），同时在其上点鼠标右键，在弹出"栅格和捕捉设置"面板中，设置"角度"为"30.0"，如图6-19所示。

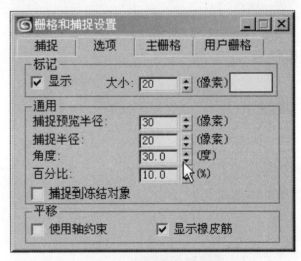

图6-19　设置角度捕捉的单位

⑤ 结合键盘的"Shift"键，在前视图沿着"Z"轴旋转30°，在弹出的"克隆选项"面板中，在"对象"中，勾选"复制"，设置"副本数"为"11"，如图6-20所示。

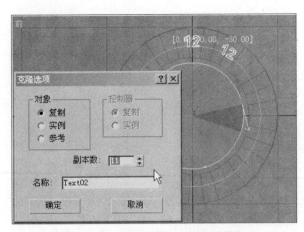

图6-20　在克隆选项面板中，设置副本数为11

⑥ 复制后数字的效果，如图6-21所示。

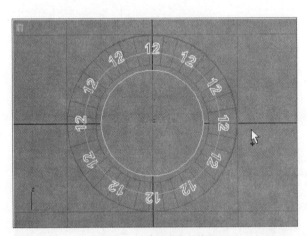

图6-21　复制后数字的效果

图6-22　在Text参数面板中改
　　　　变时间数字

图6-23　当前透视图效果

6.2.3　更改时间数字

① 点击任意一个数字"12"，点右侧控制面板中的 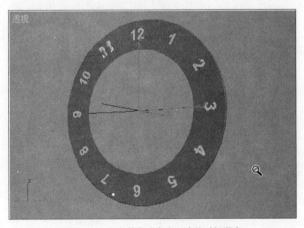（修改），在"壳"的堆栈栏中，点取"Text"级别，改变"文本"框中的数字为正确的时间数字，如图6-22所示。

② 当前透视图效果如图6-23所示。

③ 用同样的办法给其他的数字改变为正确的时间顺序，如图6-24所示。

图6-24　所有数字改变为正确的时间顺序

6.2.4 调整时间数字角度

① 选择视图中的任一时间数字，点击 （层次），在"调整轴"卷展栏的"移动/旋转/缩放"命令中，点击"仅影响轴"，如图6-25所示。

图6-25 点击仅影响轴编辑方式

② 在透视图中，当前选择的对象轴显示情况，如图6-26所示。

图6-26 对象轴显示情况

③ 在"调整轴"卷展栏的"对齐"命令中，点击"居中到对象"按钮，如图6-27所示。

④ 关闭"仅影响轴"按钮，结合工具行中的 （选择并旋转）以及 （角度捕捉切换），调整时间数字的角度，如图6-28所示。

⑤ 用同样的办法调整其他时间数字的角度，调整后如图6-29所示。

图6-27 点击居中到对象编辑方式

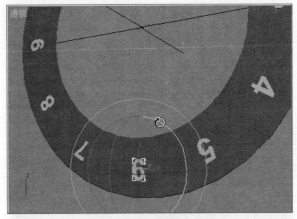

图6-28 调整时间数字的角度

图6-29 时间数字角度最终调整

6.3 中心托盘制作

① 在视图中建立一个"中心托盘"，设置参数："半径"为"30.0"；"高度"为"0.5"，如图6-30所示。

图6-30 中心托盘的参数设置

② 鼠标右键点击 ✛ （选择并移动），在弹出的"移动变换输入"框中，设置"X"、"Y"、"Z"都为"0.0"，如图6-31所示。

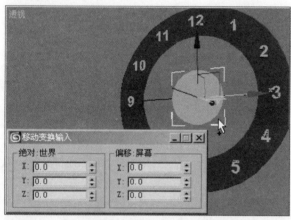

图6-31 通过移动变换输入框，将中心托盘定位在视图中心

图6-32 设置切角圆柱体的参数

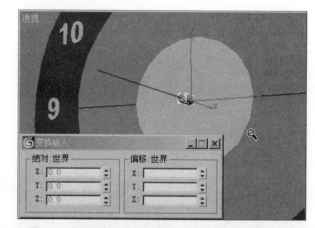

图6-33 将轴对象通过移动变换输入框的设置定位在视图中心

6.4 托盘中心轴制作

① 在视图"中心托盘"轴心处，建立"切角圆柱体"，命名为"轴"，在"参数卷展栏"中设置："半径"为"3.0"；"高度"为"10.0"；"圆角"为"0.5"，如图6-32所示。

② 选择"轴"，鼠标右键点击 ✛ （选择并移动），在弹出的"移动变换输入"框中，设置"X"、"Y"、"Z"都为"0.0"，如图6-33所示。

6.5 时针、分针、秒针制作

6.5.1 隐藏视图中所有对象

① 点击工具行中的 ▦ （按名称选择），选择所有对象，然后点"确定"按钮，如图6-34所示。

② 点击右侧控制面板中的 ▣ （显示），然后在"隐藏"项目中，选择"隐藏选定对象"，如图6-35所示。

图6-34　选择所有对象

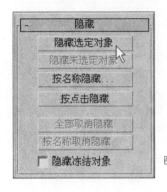

图6-35　点击隐藏选定对象编辑方式

6.5.2　对"分针、秒针"二维图像描红

① 点击菜单栏"视图"中的"视口背景"，如图6-36所示。

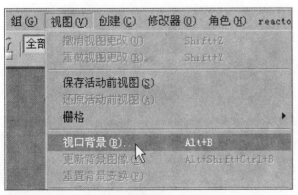

图6-36　选择视口背景视图方式

② 在弹出的"视口背景"设置面板中，点击

"文件"按钮，路径选取"指针.jpg"（光盘提供），在"纵横比"中，选择"匹配位图"，勾选"锁定缩放/平移"，在视口中选择"前"，如图6-37所示。

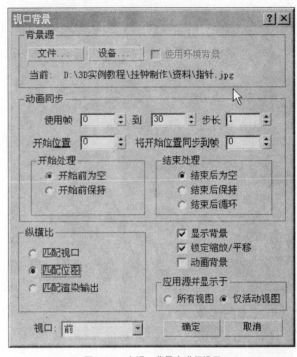

图6-37　在视口背景中进行设置

③ 前视图当前效果，如图6-38所示。

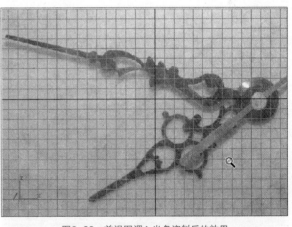

图6-38　前视图调入光盘资料后的效果

④ 点击 （最大化视口切换），选择"直线"工具对指针分别进行描红，如图6-39所示。

⑤ 选择视图中任意一条样条线，点击 （修改）在直线的"几何体"卷展栏命令中选择"附加"按钮，如图6-40所示。

69

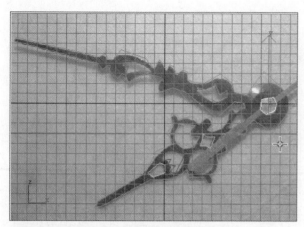

图6-39 选择直线工具进行描红

图6-40 选择附加编辑方式

⑥ 点击指针中描红的所有样条线，完成样条线的合并，如图6-41所示。

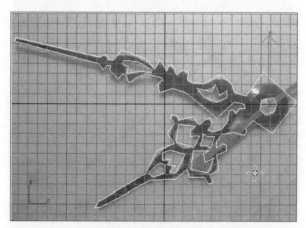

图6-41 完成样条线的合并

⑦ 把样条线命名为"时针分针"，在"选择"卷展栏命令中，选择"顶点"，如图6-42所示。

⑧ 鼠标右键点击工具行中的空白区，在出现的菜单中选择"轴约束"，如图6-43所示。

图6-42 选择顶点编辑方式

图6-43 在工具行中选择轴约束工具

⑨ 在"轴约束"中选择"XY"，如图6-44所示。

图6-44 在轴约束面板中选择XY

⑩ 结合工具行中的 ✛（选择并移动）对前视图中的"样条线"的点曲度进行精确调整，如图6-45所示。

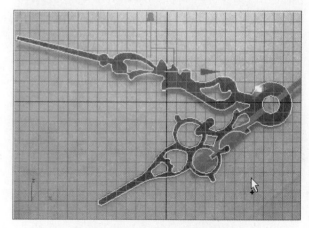

图6-45 对样条线的点曲度进行精确调整

70

6.5.3　取消视图中其他对象的隐藏

① 鼠标右键点击前视图中视图左上角的标签"前"，在弹出的菜单中勾除"显示背景"，如图6-46所示。

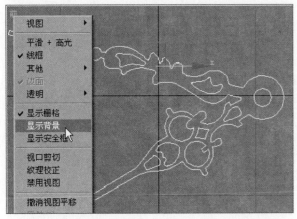

图6-46　勾除显示背景编辑方式，隐藏视图中的指针.jpg图片

② 点击◙（显示），在"隐藏"项目中点击"全部取消隐藏"按钮，如图6-47所示。

图6-47　点击全部取消隐藏编辑方式，显示视图其他对象

③ 当前视图中的效果，如图6-48所示。

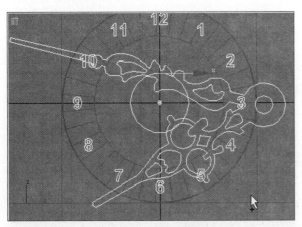

图6-48　当前视图中效果

④ 结合工具行中的◙（等比缩放），缩小"时针分针"为合适比例，并结合✛（选择并移

动）将"时针分针"调整到合适的位置，如图6-49所示。

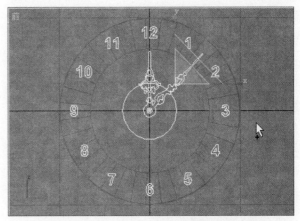

图6-49　调整时针分针的大小以及位置为合适比例

6.5.4　对"时针分针"添加"壳"修改器

① 点击❐（修改），在"修改器列表"中，选择"壳"修改器，在"参数"卷展栏中，设置"内部量"为"2.0"，如图6-50所示。

图6-50　设置"壳"修改器参数

② 当前效果如图6-51所示。

图6-51　当前效果

6.5.5 制作"秒针"

① 在"样条线"命令几何中，选择"多边形"，如图6-52所示。

图6-52 选择多边形编辑方式

② 先在前视图中随意创建"多边形"，命名为"秒针"，并在"参数"卷展栏中，设置"半径"为"3.0"，如图6-53所示。

图6-53 给多边形命名为秒针并修改半径参数为3.0

③ 在"移动变换输入"框中，设置参数："X"为"0.0"；"Y"为"-6.0"；"Z"为"-8.0"，秒针在前视图中的位置大小，如图6-54所示。

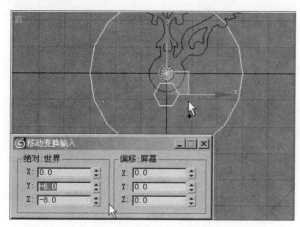

图6-54 设置秒针的坐标

④ 鼠标右键点击"秒针"，将其"转换为可编辑样条线"，如图6-55所示。

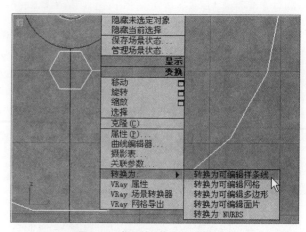

图6-55 将秒针转换为可编辑样条线

⑤ 选择"顶点"编辑方式，如图6-56所示。

图6-56 选择顶点编辑方式

⑥ 选择 ▣（使用选择中心），结合 ✛（选择并移动）以及 ▫（等比缩放），改变"秒针"形状，如图6-57所示。

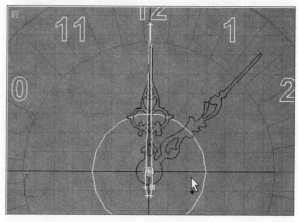

图6-57 秒针形状调整

⑦ 调节完形状后，关闭"顶点"编辑按钮，给"秒针"增加"壳"修改器命令，如图6-58所示。

图6-58 给秒针增加壳修改器命令

⑧ 结合 （层次）命令中的"仅影响轴"按钮，在前视图中将"秒针"自身坐标轴定位在视图轴心，如图6-59所示。

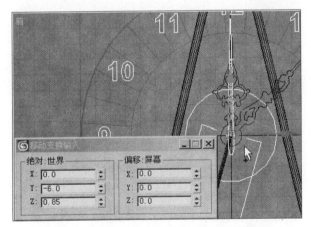

图6-59 结合层次命令中的仅影响轴定位秒针坐标轴

⑨ 关闭"仅影响轴"，结束秒针制作。

6.6 制作悬挂、钟摆牵引以及钟摆

6.6.1 "悬挂"的制作

① 在前视图中，选择"矩形"命名为"悬挂"，在"参数"卷展栏中设置："长度"为"360.0"；"宽度"为"200.0"；在"渲染卷展栏"中，勾选"在渲染中启用"和"在视口中启用"，在"径向"中设置："厚度"为"5.0"，如

图6-60所示。

图6-60 设置悬挂的参数

② 鼠标右键点击 ✛（选择并移动），在弹出的"移动变换输入"框中，设置"X"值为"-0.0"；"Y"为"-6.0"；"Z"为"-55"，如图6-61所示。

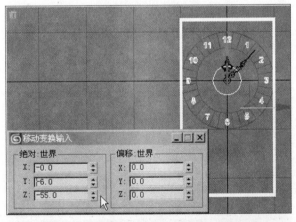

图6-61 在移动变换输入框中设置参数，定位悬挂

③ 结合前面相同的步骤方法，将悬挂转换为"可编辑的网格"，选择"顶点"编辑方式，选择 ✛（选择并移动），框选"悬挂"的四个顶点，点鼠标右键在快捷菜单中指定为"角点"模式，如图6-62所示。

73

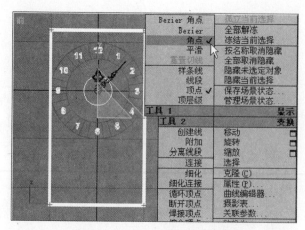

图6-62 定义悬挂的顶点属性

④ 鼠标框选"悬挂"上边的两个顶点，结合 （等比缩放），缩小之间距离，如图6-63所示。

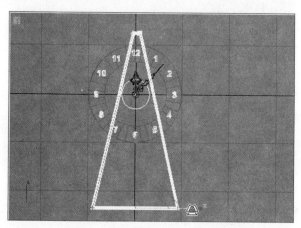

图6-63 缩小悬挂上边两个顶点之间的距离

⑤ 关闭"顶点"编辑方式，透视图效果如图6-64所示。

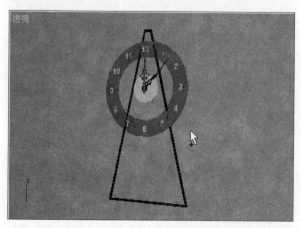

图6-64 透视图效果

6.6.2 钟摆牵引的制作

① 在"样条线"集合命令中，选择"线"工具，在前视图建立"钟摆牵引"，在"渲染"卷展栏中，勾选"在渲染中启用"和"在视口中启用"，在"径向"中设置："厚度"为"2.0"，如图6-65所示。

图6-65 钟摆牵引的参数设置

② 鼠标右键点击 ✛（选择并移动），在弹出的"移动变换输入"框中，设置"X"值为"-0.0"；"Y"为"2.0"；"Z"为"-88.0"，如图6-66所示。

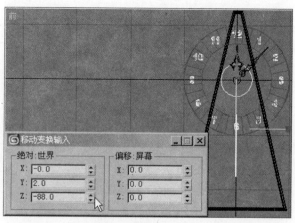

图6-66 在移动变换输入框中设置参数，定位钟摆牵引

6.6.3 "钟摆"的制作

① 在"标准基本体"集合命令中，选择"球体"，如图6-67所示。

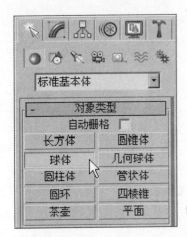

图6-67 选择球体编辑
方式

② 在"钟摆"的"参数"卷展栏中，设置
"半径"为"20.0"，如图6-68所示。

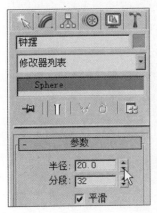

图6-68 钟摆的参数设置

③ 鼠标右键点击⊕（选择并移动），在弹
出的"移动变换输入"框中，设置"X"值为
"0.0"；"Y"为"2.0"；"Z"为"−180.0"，
如图6-69所示。

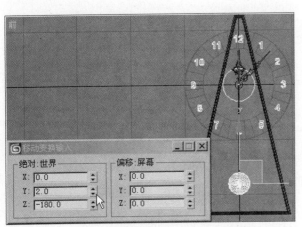

图6-69 在移动变换输入框中设置参数，定位钟摆

④ 当前视图中的效果，如图6-70所示。

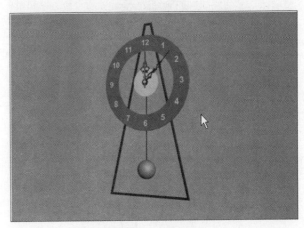

图6-70 当前视图效果

6.7 钟摆和秒针的动画制作

6.7.1 "钟摆"的动画设置

① 选择"钟摆"，点鼠标右键将其"转换为
可编辑网格"，用"附加"的方式点击"钟摆牵
引"合并在一起。

② 选择"钟摆"，点击▣（层次），在"调
整轴"卷展栏的"移动/旋转/缩放"命令中，点击
"仅影响轴"，然后使用鼠标右键点击⊕（选择
并移动），在弹出的"移动变换输入"框中，设
置"X"值为"0.0"；"Y"为"6.0"；"Z"为
"0.0"，如图6-71所示。

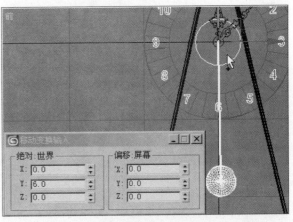

图6-71 调整钟摆坐标轴位置

③ 关闭"仅影响轴"，当前视图效果如图
6-72所示。

图6-72 关闭仅影响轴编辑方式

④ 选择"钟摆",点击视图工作区下方的"自动关键点"按钮,如图6-73所示。

图6-73 点击自动关键点按钮

⑤ 设置时间滑块为"0"帧,如图6-74所示。

图6-74 设置时间滑块为0帧

⑥ 点击工具行中的 （选择并旋转），在前视图中,激活"Y"轴方向,在下方"Y"坐标输入框中,设置角度为"16.0",如图6-75所示。

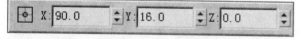

图6-75 设置钟摆在Y轴向的角度为16.0

⑦ 当前视图中钟摆角度位置,如图6-76所示。

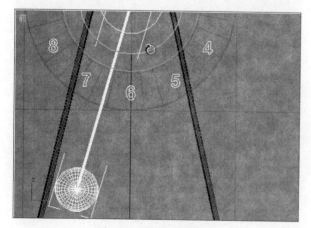

图6-76 当前钟摆角度位置

h 再次滑动时间,滑块为"25"帧,如图6-77所示。

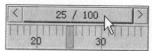

图6-77 设置时间滑块为25

⑨ 使用同样的方法在"Y"轴坐标框中输入"-16.0",如图6-78所示。

图6-78 设置钟摆在Y轴向的角度为-16.0

⑩ 当前视图中钟摆位置,如图6-79所示。

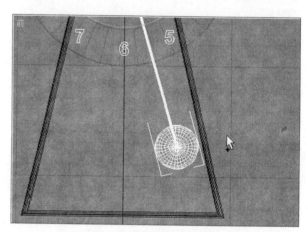

图6-79 当前视图钟摆位置

⑪ 同样的方法,在时间滑块的"50"帧处,设置"Y"轴的角度为"16",完成摇摆一次的行程。关闭"自动关键点"按钮,这样"钟摆"在"Y"轴的角度旋转动画中设置了三个关键帧,如图6-80所示。

图6-80 钟摆摇摆动画的三个关键帧

⑫ 可以点击动画控制区中的"播放动画"按钮,测试钟摆的动画效果,如图6-81所示。

图6-81 播放动画,测试钟摆的动画效果

⑬ 点击工具行中的 （轨迹视图）,在左侧序列里面点击"钟摆"的"Y轴旋转",展开曲线编辑视图,如图6-82所示。

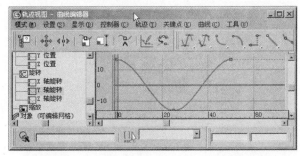

图6-82　点击钟摆的Y轴旋转编辑方式展开曲线编辑视图

⑭ 在"控制器"菜单中，点击"超出范围类型"按钮，如图6-83所示。

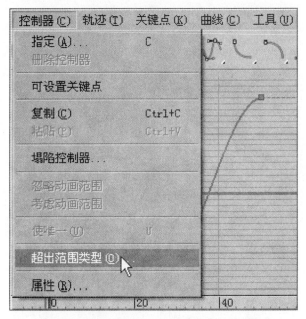

图6-83　在控制器菜单中，点击超出范围类型编辑方式

⑮ 在"参数曲线超出范围类型"中选择"循环模式"，然后"确定"，如图6-84所示。

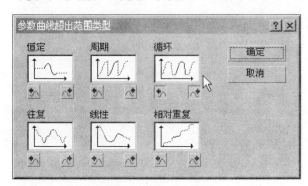

图6-84　选择循环模式

⑯ "曲线编辑器中"的"循环模式"效果，如图6-85所示。

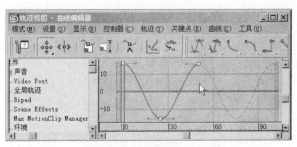

图6-85　钟摆的循环模式示意图

⑰ 可以点击动画控制区中的"播放动画"按钮，测试钟摆循环摆动的动画效果。

6.7.2 "秒针"的动画设置

① 鼠标右键点击工具行中的△（角度捕捉切换），在弹出的"栅格和捕捉设置"中，设置"角度"为"6.0"，如图6-86所示。

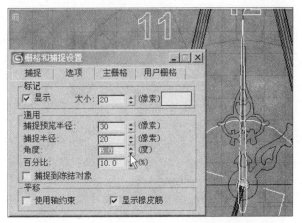

图6-86　在栅格和捕捉设置中，设置角度为6.0

② 在前视图中选择"秒针"，打开"自动关键点"按钮，设置时间滑块为"25"帧，选择工具行中的"选择并旋转"工具，在前视图中沿着"Y"轴旋转"6°"，然后关闭"自动关键点"按钮，如图6-87所示。

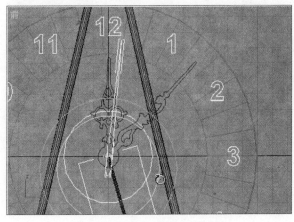

图6-87　在前视图中沿着Y轴旋转6°

③ 同样打开"轨迹视图",打开"秒针"的"Y轴旋转"曲线示意图,如图6-88所示。

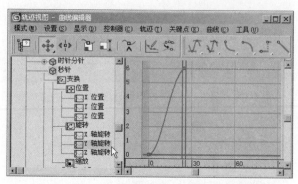

图6-88　点击秒针的Y轴旋转编辑方式展开曲线编辑视图

④ 同样打开"参数曲线超出范围类型"面板,选择"相对重复"模式,然后"确定",如图6-89所示。

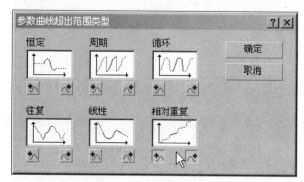

图6-89　选择相对重复模式

⑤ 当前"曲线编辑器"中的"相对模式"效果,如图6-90所示。

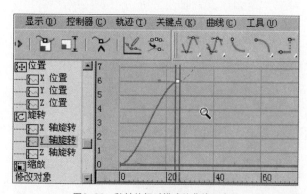

图6-90　秒针的相对模式的曲线示意图

⑥ 框选曲线前后两个关键点,点击"轨迹视图"工具行中的 （将切线设置为阶跃）,如图6-91所示。

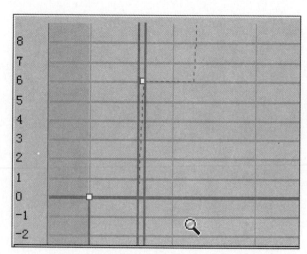

图6-91　使用将切线设置为阶跃编辑方式示意图

6.8 设置动画时间长度

① 在3ds max中,动画执行的时间单位为每秒钟25帧,所以秒针旋转1周60秒需要1500帧,点击动画控制区中 （时间配置）,在"时间配置"面板中,设置动画时间长度为1500,如图6-92所示。

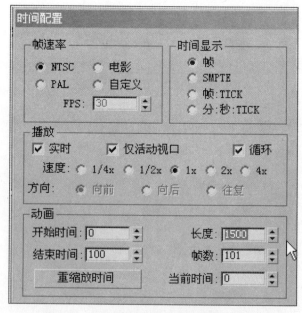

图6-92　在时间配置面板中设置动画时间长度命令

② 点击动画控制区中的"播放动画"按钮,观看最终的动画效果,图6-93是其中一帧的效果。

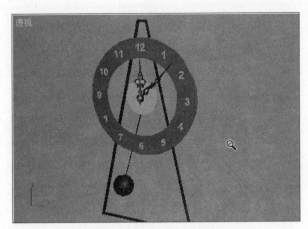

图6-93　动画其中一帧的画面

　　至此，钟摆和秒针的动画设置就结束了，如果需要，时针也能有动画，这就需要在描红的时候单独对时针进行分离工作，编辑方法是一样的，此例点到为止。材质设置不是本例要点，不再提供步

骤，在挂钟制作基础上添加了玻璃罩，最终效果如图6-94所示。

图6-94　挂钟效果

第7章
茶壶的制作

本例的制作在于学习掌握"NURBS建模工具箱"相关的工具用法。

7.1 创建壶体

① 选择"CV曲线"，在前视图中以对齐"Y"轴为起始点绘制造型，如图7-1所示。

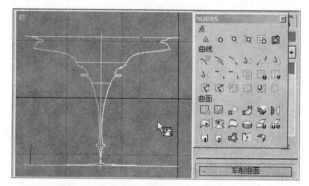

图7-2 在NURBS快捷工具箱中选择车削工具

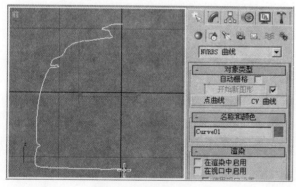

图7-1 运用CV曲线绘制造型

② 点击"修改"命令，在弹出的"NURBS"快捷工具箱中选择"车削"，点击视图中的对象，如图7-2所示。

③ 在"车削曲面"的卷展栏中选"对齐"方式中选择"最大"，如图7-3所示。

图7-3 在对齐方式中选择最大编辑方式

④ 在动作堆栈栏中选择"曲面"编辑方式，点击"壶体"表面，如图7-4所示。

图7-4 选择曲面编辑方式

⑤ 在右侧"曲面公用"面板中点击"使独立",如图7-5所示。

图7-5 点击使独立编辑方式

⑥ 选择"曲面CV"可以继续编辑壶体表面，如图7-6所示。

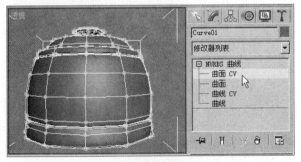

图7-6 点击曲面CV编辑方式

7.2 创建壶嘴

① 选择"CV曲线"，在前视图中画出两条曲线，如图7-7所示。

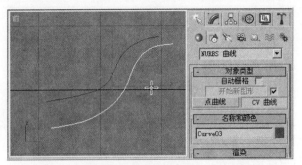

图7-7 点击CV曲线编辑方式在前视图中画出两条曲线

② 结合"圆"（利用"等比放缩"工具，沿着Y轴挤压）或者选择"椭圆"，直接在左视图画出两个合适大小的"椭圆"对象，如图7-8所示。

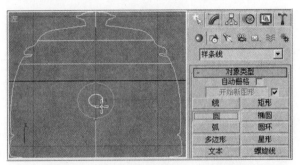

图7-8 在左视图画出两个合适大小的椭圆对象

③ 结合工具行中✛、↻工具，调整两个"椭圆"至合适的位置及角度，如图7-9所示。

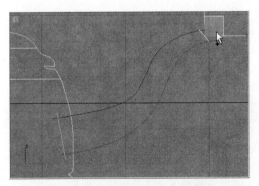

图7-9 调整两个椭圆至合适位置及角度

④ 选择一条NURBS曲线，在"常规"卷展栏中，点击"附加"，附加其他的曲线，如图7-10所示。

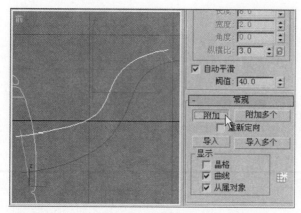

图7-10　点击附加编辑方式附加壶体部分的样条线

⑤点击工具箱中"创建双轨扫描"命令,先连接两条NURBS曲线,再连接两个椭圆,如图7-11所示。

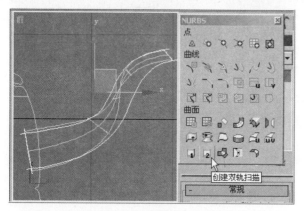

图7-11　创建双轨扫描

⑥选择"曲面",点击"壶嘴",如图7-12所示。

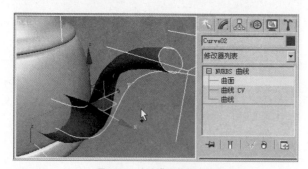

图7-12　点击曲面编辑方式

⑦勾选"翻转法线",如图7-13所示。

⑧选择"曲线"编辑方式,选择壶嘴口处的"椭圆",如图7-14所示。

⑨结合工具行中的 ↻ 沿着"Y"轴旋转"180°",如图7-15所示。

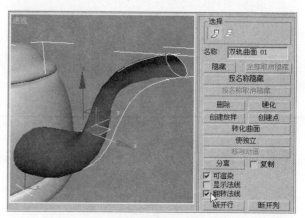

图7-13　勾选翻转法线编辑方式

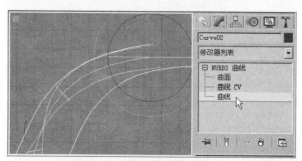

图7-14　选择曲线编辑方式

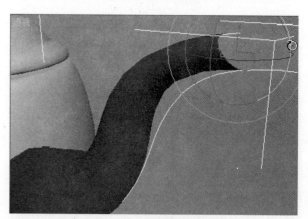

图7-15　对所造椭圆旋转180°

⑩点鼠标右键,在快捷菜单中选择"属性",如图7-16所示。

⑪在出现的"属性"面板中,勾除"背面消隐",如图7-17所示。

⑫选择"壶体"和"壶嘴"进行"附加",如图7-18所示。

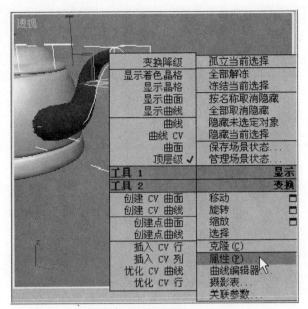

图7-16 选择属性编辑方式

图7-17 勾除背面消隐编辑方式

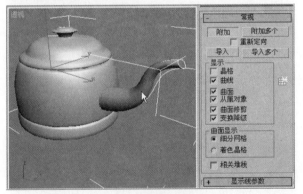

图7-18 附加壶体和壶嘴

7.3 创建提手把

① 选择"长方体",如图7-19所示。
② 在顶视图创建"长方体",位置如图7-20所示。

图7-19 选择长方体编辑方式

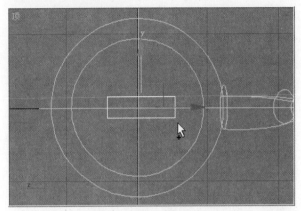

图7-20 在顶视图创建长方体

③ 设置长方体"参数":"长度分段"为"4";"宽度分段"为"6";"高度分段"为"3",如图7-21所示。

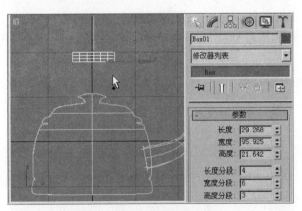

图7-21 设置长宽高分段参数

④ 在"修改器列表"中添加"FFD（长方体）4×4×4",如图7-22所示。

⑤ 在"FFD参数"卷展栏中,"设置点数"为"4×5×4",结合工具行中的 （等比缩放）,在前视图,选择相关的控制点,沿着"Y"轴,缩小相关的控制点,如图7-23所示。

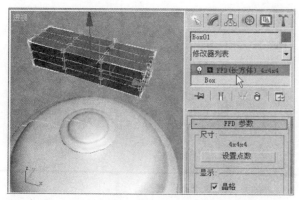

图7-22 为长方体添加FFD（长方体）4×4×4编辑方式

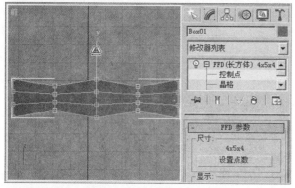

图7-23 沿Y轴缩小相关的控制点

⑥ 在透视图中，继续沿着"Y"轴，缩小控制点，如图7-24所示。

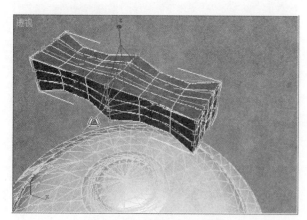

图7-24 继续沿Y轴缩小控制点

⑦ 在"修改器列表"中添加"涡轮平滑"，设置"迭代次数"为"2"，如图7-25所示。

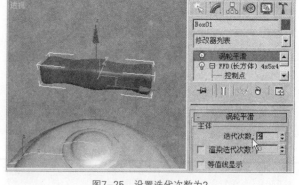

图7-25 设置迭代次数为2

7.4 创建提手把与壶体连接杆

① 点击"CV曲线"，在前视图中创建曲线，如图7-26所示。

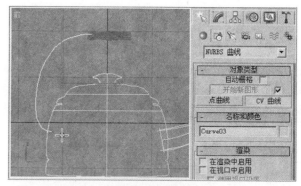

图7-26 选择CV曲线编辑方式在前视图中创建曲线

② 左视图创建"圆"，如图7-27所示。

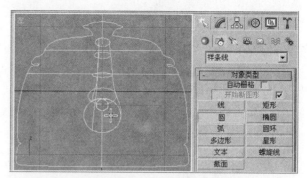

图7-27 选择圆编辑方式在左视图中创建合适大小的圆

③ 选择"NURBS"曲线和"圆"进行"附加"，然后在"NURBS工具箱"中，点击"创建

单轨扫描"，在前视图中先选择"曲线"后指向
"圆"，如图7-28所示。

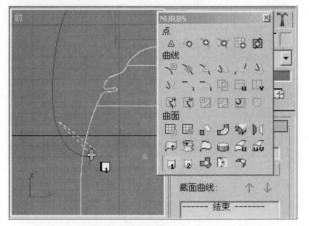

图7-28 选择曲线编辑方式后指向圆

④ 当前透视图中的效果，如图7-29所示。

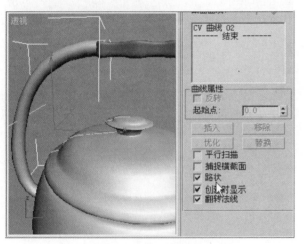

图7-29 当前透视图效果

⑤ 选择"曲线"编辑方式，结合🔲（等比缩
放），沿着"XY"轴，缩小"圆"，如图7-30
所示。

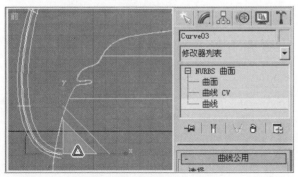

图7-30 使用等比缩放工具缩小圆

⑥ 缩小后的整体比例关系，如图7-31所示。

图7-31 当前视图效果

⑦ 在"常规"卷展栏中，点击"附加"连接
"壶体"和"壶体连接杆"，如图7-32所示。

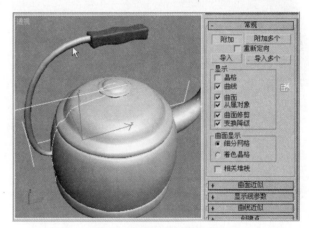

图7-32 连接壶体和壶体连接杆

⑧ 点击"NURBS工具箱"中的"圆角"处
理，连接"壶把"和"壶体"的接触部分，在
"圆角曲面"卷展栏中，设置"起始半径"值为
"1.0"，如图7-33所示。

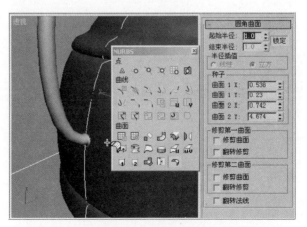

图7-33 对壶把和壶体的接触部分进行圆角处理

⑨ 继续选择"圆角"，连接"壶体"和"壶嘴"的接触部分，设置"起始半径"值为"3.5"，如图7-34所示。

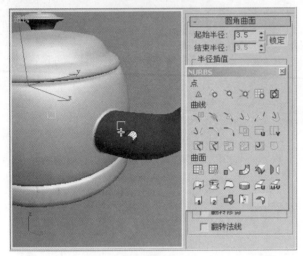

图7-34　设置起始半径值为3.5

7.5　设置环境

① 在茶壶周围建立三个平面，设置相关的材质，如图7-35所示。

图7-35　设置相关的材质

② 设置环境背景为"HDRI"贴图，设置茶壶为不锈钢材质，最终效果如图7-36所示。

图7-36　最终效果图

第8章

车轮的制作

车轮的结构包含"轮毂"和"轮胎"两部分。通过车轮的建模过程，主要是让大家熟悉掌握"多边形编辑"方式中相关命令的基本用法。

本例主要使用到的命令以及修改器有：移动变换输入、收缩、循环、连接、切角边、倒角多边形、插入多边形、栅格和捕捉设置。

8.1 轮毂的制作

① 在"标准基本体"命令集中，选择"圆柱体"，作为车轮的轮毂原型，如图8-1所示。

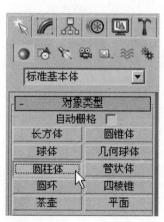

图8-1 选择圆柱体编辑方式

② 在"圆柱体"的"参数"卷展栏中设置："半径"为"100.0"；"高度"为"50.0"；"高度分段"为"5"；"端面分段"为"3"；"边数"为"12"，如图8-2所示。

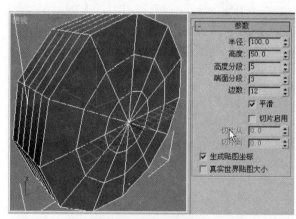

图8-2 设置圆柱体参数

③ 在"移动变换输入"框中，设置"圆柱体"的坐标轴心"X"为"0"，"Y"为"0"，"Z"为"-0.0"，如图8-3所示。

④ 将对象"转换为可编辑多边形"，如图8-4所示。

⑤ 选择"多边形"编辑方式，在顶视图选择"圆柱体"的后半部，如图8-5所示。

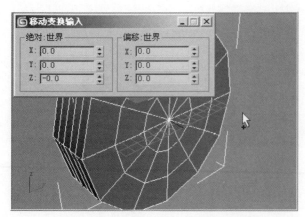

图8-3 在移动变换输入框中，设置圆柱体的坐标

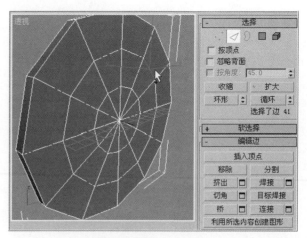

图8-6 选择相关的一条边

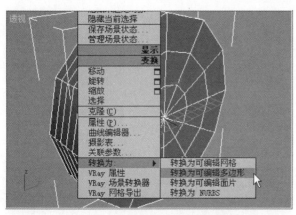

图8-4 将对象转换为可编辑多边形

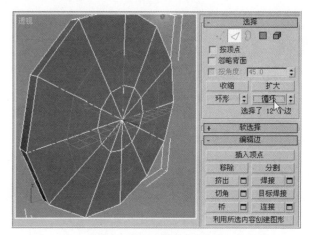

图8-7 选择与其相接的所有边

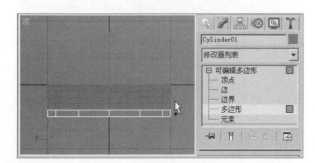

图8-5 选择圆柱体的后半部

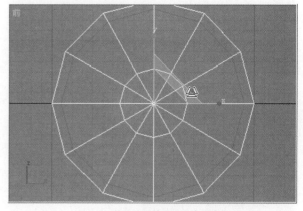

图8-8 使用等比缩放放大合适大小

⑥ 删除选择的面，然后选择"边"编辑方式，选择相关的一条"边"，如图8-6所示。

⑦ 在"选择"卷展栏中选择"循环"，选择与其相接的所有"边"，如图8-7所示。

⑧ 选择　（等比缩放），在前视图中沿着"XY"轴，放大合适大小，如图8-8所示。

⑨ 采用同样办法选择相关的"边"，如图8-9所示。

⑩ 再次使用　（等比缩放）沿着选择边的"XY"轴，缩小合适大小，如图8-10所示。

⑪ 在"编辑边"卷展栏中，选择"切角设置"，在弹出的"切角边"面板中，设置"切角

量"为"1.0"，如图8-11所示。

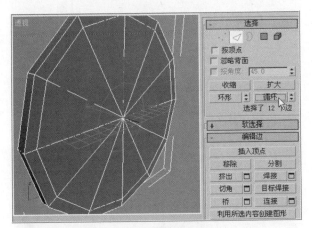

图8-9 选择相关的边

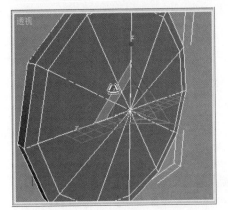

图8-10 缩小选择的边为合适大小

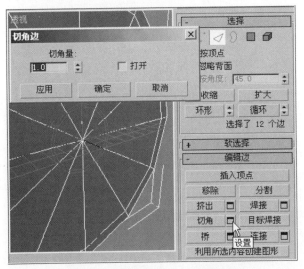

图8-11 在切角边面板中，设置切角量

⑫ 在当前选择的"边"上，点鼠标右键，在快捷菜单中选择"转换到面"，如图8-12所示。

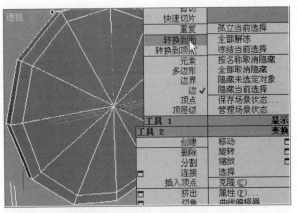

图8-12 将选择的边转换到面

⑬ 当前转换到"面"的显示，如图8-13所示。

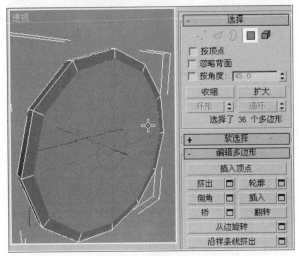

图8-13 当前转换到面的显示

⑭ 点击"选择"卷展栏中的"收缩"，如图8-14所示。

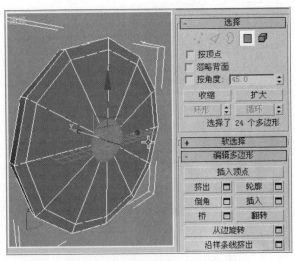

图8-14 选择卷展栏中的收缩编辑方式

⑮ 选择 ⊕（选择并移动），将选择的面沿着"Y"轴移动到合适位置，如图8-15所示。

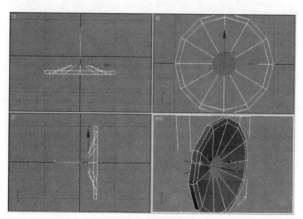

图8-15　沿Y轴移动

⑯ 点击"选择"卷展栏中的"收缩"，如图8-16所示。

.

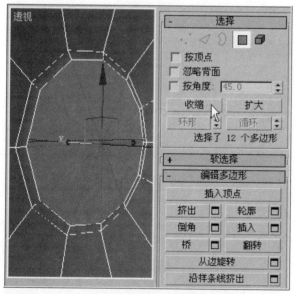

图8-16　点击选择卷展栏中的收缩

⑰ 在"编辑多边形"卷展栏中点击"插入设置"，在弹出的"插入多边形"面板中，设置"插入量"为"1.0"，如图8-17所示。

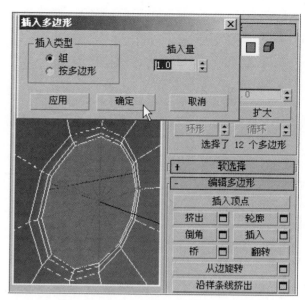

图8-17　在插入多边形面板中，设置插入量

⑱ 在"编辑多边形"卷展栏中，选择"倒角设置"，在弹出的"倒角多边形"面板中，设置"高度"为"10.0"；"轮廓量"为"-5.0"，如图8-18所示。

图8-18　在倒角多边形面板中，设置高度和轮廓量

⑲ 鼠标左键，结合"Ctrl"键盘，选择相关的六个面，如图8-19所示。

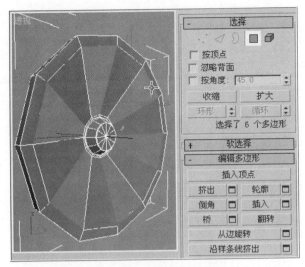

图8-19　选择相关的六个面

⑳ 在"编辑多边形"卷展栏中，选择"插入设置"，在弹出的"插入多边形"面板中，设置"插入量"为"1.0"，并连续"应用"两次"确定"，如图8-20所示。

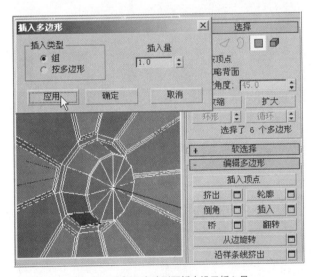

图8-20　在插入多边形面板中设置插入量

㉑ 选择 ✛（选择并移动），在透视图中沿着"Y"轴向内侧方向移至合适位置，如图8-21所示。

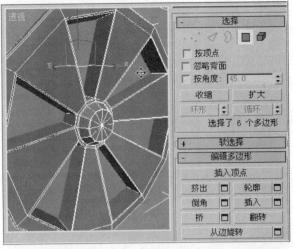

图8-21　使用选择并移动工具，将选择的面向内侧方向移至合适位置

㉒ 然后选择工具行中的"选择并旋转"工具，沿着"Y"轴旋转5°，如图8-22所示。

图8-22　使用选择并移动将选择的面沿着Y轴旋转5°

㉓ 点击键盘"Delete"键，删除选择的"面"，如图8-23所示。

图8-23　删除选择的面

㉔ 选择"边"编辑方式，选择视图中显示的一条"边"，如图8-24所示。

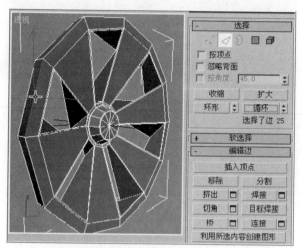

图8-24 选择视图中显示的一条边

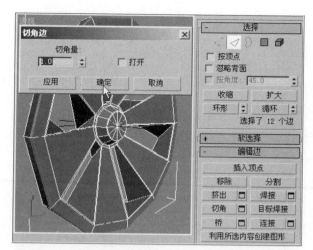

图8-26 在切角边面板中设置切角量

㉕ 在"选择"卷展栏中，点击"循环"，连接与此相邻的所有"边"，如图8-25所示。

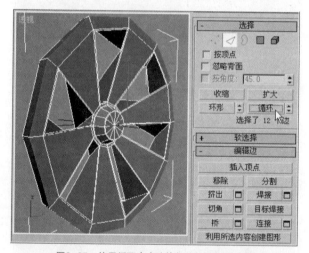

图8-25 使用循环命令连接与此相邻的所有边

图8-27 在涡轮平滑卷展栏中，设置迭代次数为3

8.2 轮胎的制作

① 在前视图中建立"圆柱体"，作为轮胎的原型，在"参数卷展栏"中，设置"半径"为"150.0"；"高度"为"-100.0"；"高度分段"为"5"；"端面分段"为"5"；"边数"为"50"，然后使用鼠标右键点击"选择并移动"在弹出的"移动变换输入"框中，设置"X"、"Y"、"Z"都为"0.0"，如图8-28所示。

② 鼠标右键点击"圆柱体"，在出现的快捷菜单中，选择"转换为可编辑多边形"，如图8-29所示。

㉖ 在"编辑边"卷展栏中，点击"切角设置"，在弹出的"切角边"面板中，设置"切角量"为"1.0"，如图8-26所示。

㉗ 在"修改器列表"中，添加"涡轮平滑"修改器，在"涡轮平滑"卷展栏中，设置"迭代次数"为"3"，如图8-27所示。

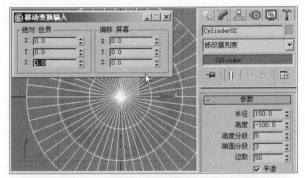

图8-28 设置圆柱体的相关参数以及坐标位置

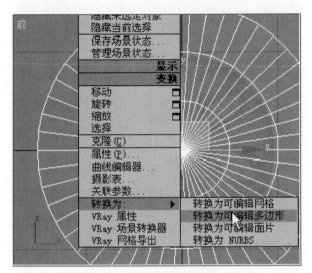

图8-29 将对象转换为可编辑多边形

③ 选择"多边形"编辑方式，结合"Ctrl"键，在顶视图选择"圆柱体"两侧的"面"，如图8-30所示。

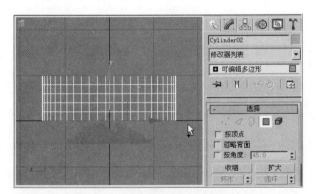

图8-30 在顶视图中选择圆柱体两侧的面

④ 在"选择"卷展栏中，点击"收缩"，如图8-31所示。

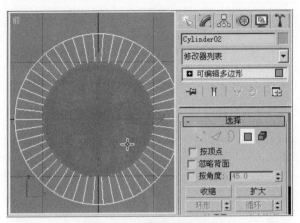

图8-31 在选择卷展栏中点击收缩

⑤ 点击键盘"Delete"键，删除选择的"面"，再次选择工具行中的 ▣（切换矩形选区方式），如图8-32所示。

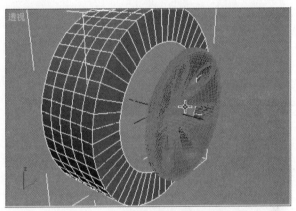

图8-32 删除选择的面

⑥ 选择"边"编辑方式，选择视图中的一条边，如图8-33所示。

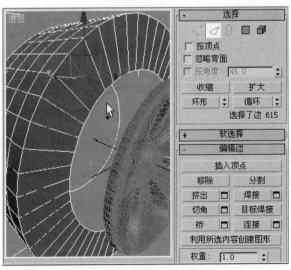

图8-33 选择视图中的一条边

⑦ 结合"Ctrl"键，选择圆柱体的另一侧的"边"，如图8-34所示。

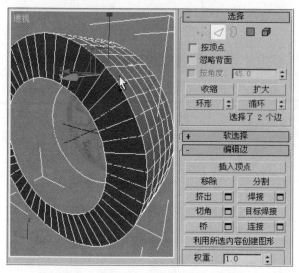

图8-34 结合Ctrl键，选择圆柱体另一侧的边

⑧ 在"选择"卷展栏中，点击"环形"，选择相互平行的所有"边"，如图8-35所示。

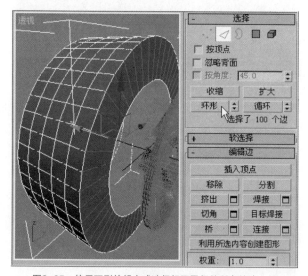

图8-35 使用环形编辑方式选择相互平行的所有的边

⑨ 在"编辑边"卷展栏中，点击"连接"，如图8-36所示。

⑩ 选择 ▣（等比缩放），结合工具行中的 ▣（使用选择中心），沿着"X"轴放大合适程度，如图8-37所示。

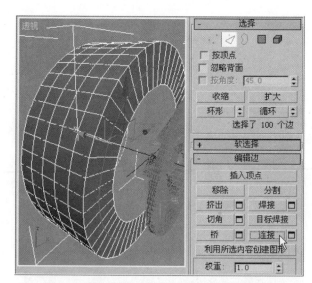

图8-36 使用连接编辑方式在轮胎两侧各建立一条线

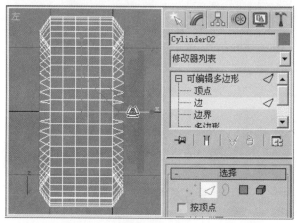

图8-37 使用等比缩放编辑方式沿着X轴放大合适程度

⑪ 当前透视图效果如图8-38所示。

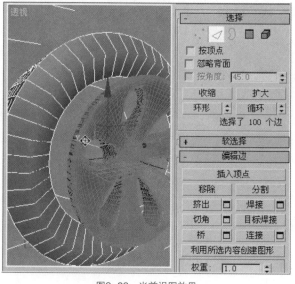

图8-38 当前视图效果

⑫ 在"编辑边"卷展栏中，选择"切角设置"，在弹出的"切角边"面板中设置"切角量"为"1.0"，如图8-39所示。

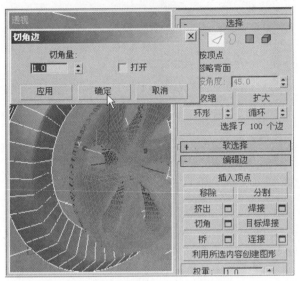

图8-39 在切角边面板中设置切角量为1.0

⑬ 选择"边"编辑方式，点击视图中的"边"，如图8-40所示。

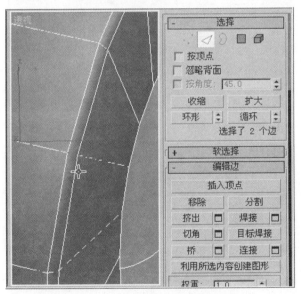

图8-40 在"边"编辑方式中，选择视图中的边

⑭ 在"选择"卷展栏中，点击"环形"，选择与此平行的所有"边"，如图8-41所示。

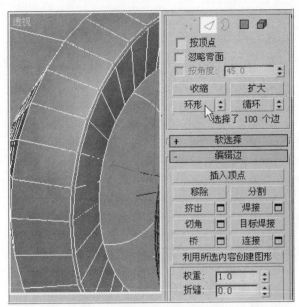

图8-41 点击环形编辑方式选择与此平行的所有边

⑮ 鼠标右键点击"圆柱体"，在弹出的快捷菜单中，将选择的所有边"转换到面"，如图8-42所示。

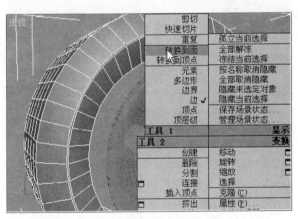

图8-42 将选择的所有边转换到面

⑯ "转换为面"后，在"编辑多边形"卷展栏中，点击"倒角设置"，在弹出的"倒角多边形"面板中，设置"高度"为"－1.0"；"轮廓量"为"－0.5"，如图8-43所示。

⑰ 点击"边"编辑方式，结合"Ctrl"键以及"环形"命令，选择视图中相关的"边"，同样方式选择"圆柱体"另一侧的同样的"边"，如图8-44所示。

⑱ 在"编辑边"卷展栏中，选择"连接"，如图8-45所示。

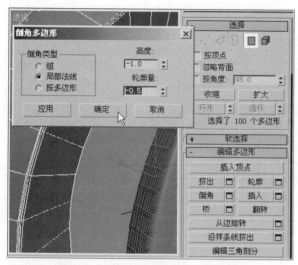

图8-43　在倒角多边形面板中设置相关参数

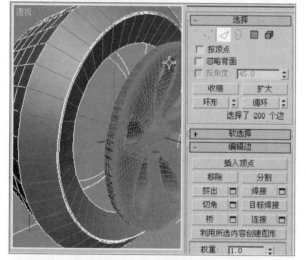

图8-44　结合Ctrl键以及环形命令选择圆柱体两侧相关的边

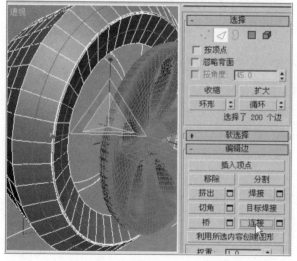

图8-45　点击连接编辑方式后的边显示

⑲ 使用▣（等比缩放），结合工具行中的▣

（使用选择中心），在透视图中沿着"Y"轴调整合适程度，如图8-46所示。

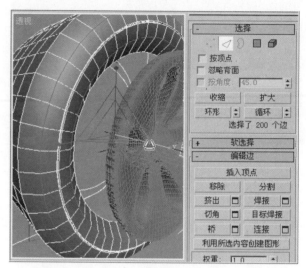

图8-46　使用等比缩放命令将选择的边调整合适程度

⑳ 选择视图中的四条"边"，如图8-47所示。

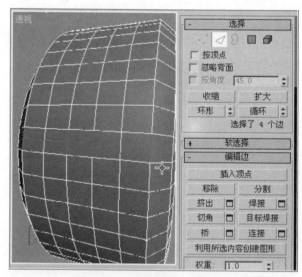

图8-47　选择视图中的四条边

㉑ 在"选择"卷展栏中，点击"循环"，然后在"编辑边"卷展栏中，点击"切角设置"，在弹出的"切角边"面板中，设置"切角量"为"1.0"，如图8-48所示。

㉒ 选择中间两条切角线内的"边"，如图8-49所示。

㉓ 点鼠标右键在快捷菜单中将选择的边"转换到面"，如图8-50所示。

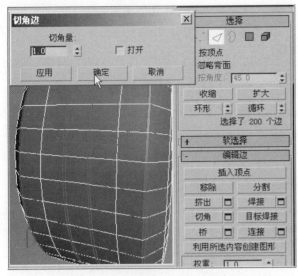

图8-48 在切角边面板中设置切角量为1.0

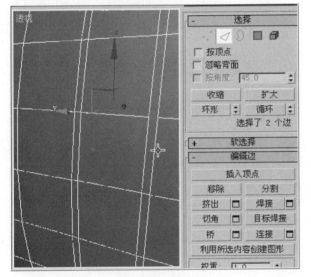

图8-49 选择中间两条切角线内的边

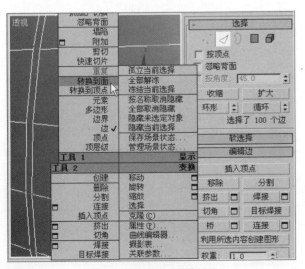

图8-50 将选择的边转换到面

㉔ 在"编辑多边形"面板中，点击"倒角设置"在弹出的"倒角多边形"面板中，设置"高度"为"−1.0"；"轮廓量"为"−0.5"，如图8-51所示。

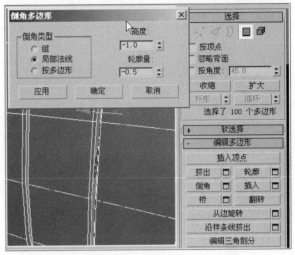

图8-51 在倒角多边形面板中设置相关参数

㉕ 选择视图中的两条"边"，如图8-52所示。

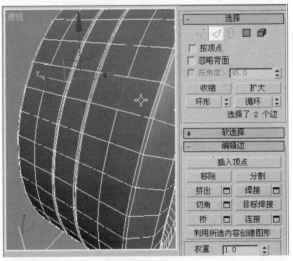

图8-52 选择视图中的两条边

㉖ 在"选择"卷展栏中，点击"循环"，如图8-53所示。

㉗ 鼠标右键点击工具行中的 ◢ （角度捕捉），在弹出的"栅格和捕捉设置"面板中，设置"角度"为"5.0"，如图8-54所示。

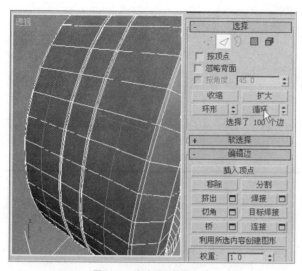

图8-53　点击循环编辑方式

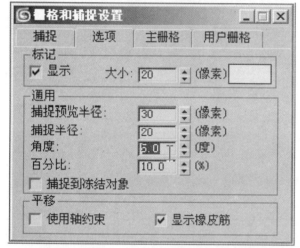

图8-54　在栅格和捕捉设置面板中设置角度为5.0

㉘在工具行中点击"选择并旋转"，在透视图中，沿着"Y"轴，旋转"5°"，如图8-55所示。

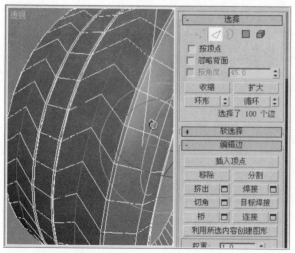

图8-55　选择并旋转工具，沿着Y轴旋转5°

㉙点击鼠标右键，在弹出的快捷菜单中将选择的边"转换到面"，如图8-56所示。

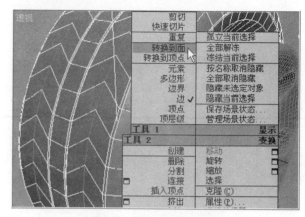

图8-56　将选择的边转换到面

㉚点击　（交叉）选择方式，结合"Ctrl"键，选择中间的"面"，如图8-57所示。

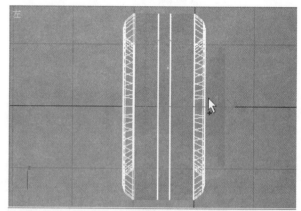

图8-57　结合Ctrl键，选择中间的面

㉛在"编辑多边形"卷展栏中，选择"倒角设置"，在弹出的"倒角多边形"面板中，设置倒角类型为"按多边形"；"高度"为"3.0"；"轮廓量"为"-3.0"，如图8-58所示。

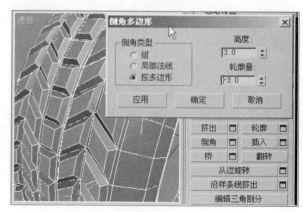

图8-58　设置倒角多边形面板的参数

㉜关闭"多边形"编辑方式，选择"轮毂"，使用✛（选择并移动）移动对齐"轮胎"，得到透视图效果，如图8-59所示。

图8-59　透视图效果

第9章

鼠标的制作

关于鼠标的制作方法有很多，比如：常用的放样拟合方法，NURBS曲线编辑方法，以及时下流行的多边形编辑方法等。无论采取何种方法，目的都是一致的，都是为了力求对象的造型严谨，效果逼真。本例对鼠标的制作过程不仅运用了多边形编辑方式，而且在修改器中还采用了壳编辑方式，这使得对象的制作过程更加简洁，同时也避免了由于多边形挤压产生的碎片修改而带来的烦琐工作，节省了大量的制作时间。毕竟我们在3ds max制作工程中的快速高效，才是制作中的"硬道理"。

本例的材质设置的要点在于鼠标联想LOGO的贴图方法，灯光设置不在本例讲解范围内，大家可以结合已经掌握的知识灵活运用。

9.1 建立鼠标主体

① 在"标准基本体"命令集中，点击"长方体"，如图9-1所示。

② 在透视图中建立"长方体"，在"参数"卷展栏中，设置"长度"为"234.783"；"宽度"为"124.638"；"高度"为"37.681"；"长度分

段"为"5"；"宽度分段"为"6"；"高度分段"为"2"，如图9-2所示。

图9-1 选择长方体编辑方式

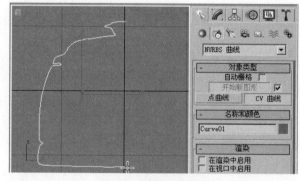

图9-2 设置长方体参数

③ 鼠标右键点击工具行中的 ⊕（选择并移动），在弹出的"移动变换输入"面板中，设置"X"、"Y"、"Z"的绝对：世界坐标为

100

"0.0"，如图9-3所示。

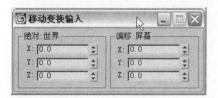

图9-3 设置长方体坐标

④ 将对象"转换为可编辑多边形"，如图9-4
所示。

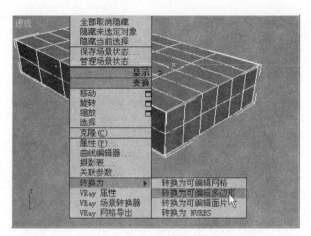

图9-4 将对象转换为可编辑多边形

⑤ 将"长方体"命名为"鼠标"后，点击
"顶点"编辑，如图9-5所示。

图9-5 选择顶点编辑方式

⑥ 选择顶视图中的三列"顶点"，如图9-6
所示。

⑦ 结合键盘"Delete"键进行删除，如图9-7
所示。

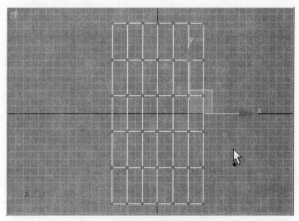

图9-6 选择顶视图中的三列顶点

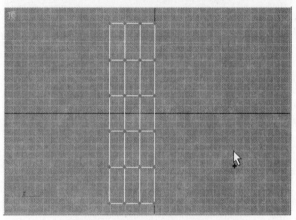

图9-7 结合键盘Delete键进行删除

⑧ 在"修改器列表"中选择"对称"修改
器，点取 Ⅱ（显示最终结果），并在"参数"卷展
栏中勾选"翻转"，如图9-8所示。

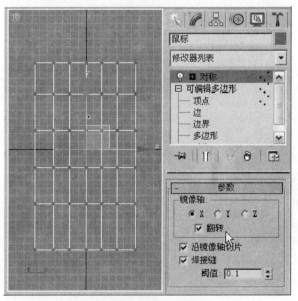

图9-8 对称后的长方体显示

⑨ 点击动作堆栈栏"可编辑多边形"的"顶点"编辑，结合工具行中的移动工具在顶视图中调整相关的点的位置，如图9-9所示。

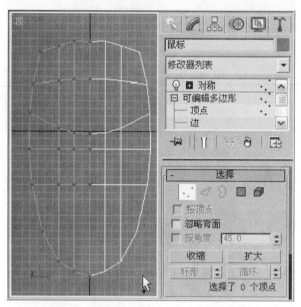

图9-9　在顶点编辑方式下调节相关的点的位置

⑩ 继续调整鼠标的结构点的位置，结合相关的视图调整，最终调整形状如图9-10所示。

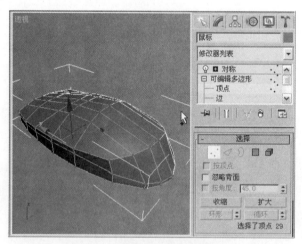

图9-10　结合相关视图调整点的位置

⑪ 鼠标在其他视图的显示，如图9-11所示。

⑫ 选择"可编辑多边形"的"边"编辑方式，结合键盘的"Ctrl"键，选择鼠标相关的"边"，如图9-12所示。

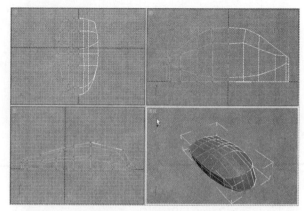

图9-11　四视图显示的情况

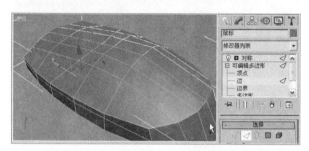

图9-12　在"边"编辑方式中，选择鼠标相关的边

⑬ 点击"编辑边"卷展栏中的"切角设置"按钮，在弹出的"切角边"面板中，设置"切角量"为"0.5"，如图9-13所示。

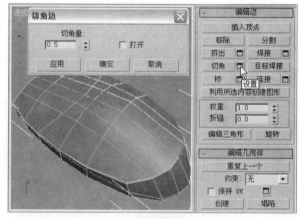

图9-13　在切角边面板中设置参数

⑭ 继续选择视图中相关的"边"，设置"切角量"为"0.5"，如图9-14所示。

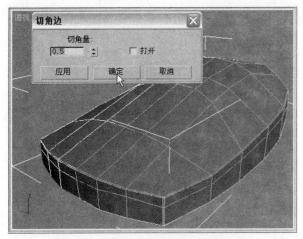

图9-14　在切角边面板中设置切角量为0.5

⑮ 在"修改器列表"中添加"涡轮平滑"命令，设置"迭代次数"为"2"级，然后点击"可编辑多边形"的"顶点"编辑，继续调整鼠标的形状，最终形状如图9-15所示。

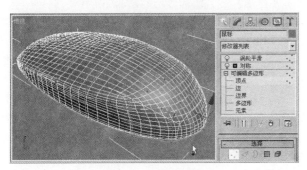

图9-15　调整鼠标形状

9.2　分离鼠标各个组成部分的结构

鼠标组成部分包括："按键"、"滚轴"以及其他相关部分，彼此间有缝隙，使用"分离"命令可以完成此项任务，还可以为以后的材质贴图带来很大的方便。

① 点"可编辑多边形"的"多边形"编辑方式，点成 ▮（去掉最终显示），选择鼠标的上半部的面，然后点击"分离"，在弹出的"分离"面板中，点击"确定"，如图9-16所示。

② 选择分离后的鼠标表面，如图9-17所示。

③ 用同样方法分离鼠标的"按键"部分，如图9-18所示。

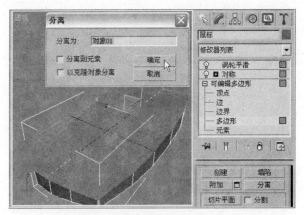

图9-16　分离鼠标相关部分的面

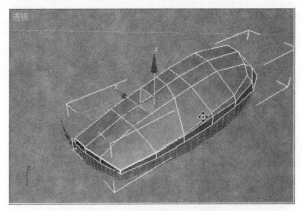

图9-17　选择分离后的鼠标表面

图9-18　分离鼠标的按键部分

9.3　制作鼠标面用于放置滚轴的凹陷部分

① 选择分离后的"按键"部分，点击"顶点"编辑方式，选择"切割"工具在按键中间的部分"切割"出两条线，如图9-19所示。

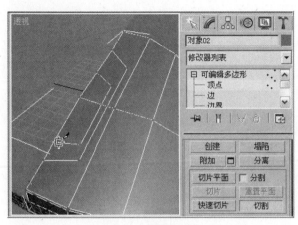

图9-19　当前切割显示

②在透视图中，选择"多边形"编辑方式，选择视图中的面，沿着"Z"轴向下移少许位置，成凹槽，如图9-20所示。

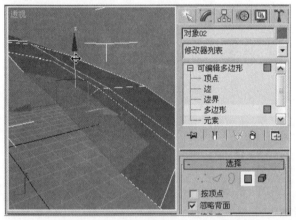

图9-20　选择视图中的面沿着Z轴向下移动

③选择"边"编辑方式，选择先前切出的两条线，点击"切角设置"，在弹出的"切角边"面板中，设置"切角量"为"0.5"，如图9-21所示。

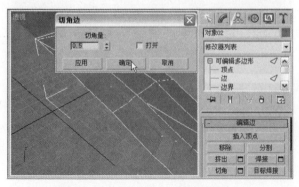

图9-21　在切角边面板中，设置切角量为0.5

④在"多边形"编辑方式下，选择视图中凹槽的面，如图9-22所示。

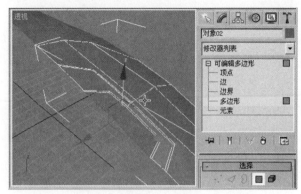

图9-22　在多边形编辑方式下选择视图中凹槽的面

⑤点击键盘的"Delete"键，直接删除，如图9-23所示。

图9-23　删除选择的面

⑥选择"顶点"编辑方式，结合键盘"Ctrl"键，选择两组点分别进行"连接"指令操作，如图9-24所示。

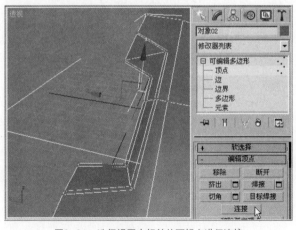

图9-24　选择视图中相关的两组点进行连接

⑦ 选择"切割"工具，耐心细致地切割出新的线，如图9-25所示。

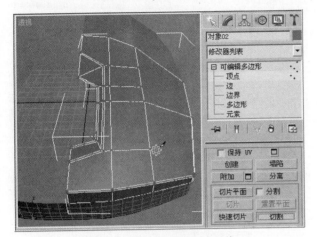

图9-25　选择切割工具创建新的线

⑧ 在"修改器列表"中，给鼠标的按键部分添加"对称"以及"涡轮平滑"修改器，设置"迭代次数"为"2"，并选择"顶点"编辑方式，转换 Ⅱ 为 Ⅱ（显示最终结果），选择工具行中的 ✛（选择并移动），对按键的对称处所有的列点沿着"X"轴向右边移动适当距离，产生鼠标左右按键缝隙，如图9-26所示。

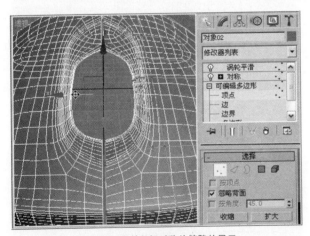

图9-26　当前鼠标对称处缝隙的显示

⑨ 选择指标工具，框选相关的点，使用 ✛（选择并移动）调整"滚轴"洞口的比例，如图9-27所示。

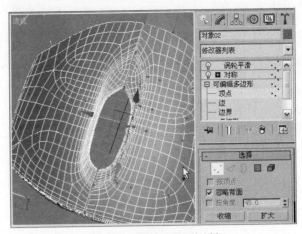

图9-27　调整滚轴洞口的比例

9.4　鼠标按键部分镜像复制取代对称

① 暂时删除动作堆栈栏中的"对称"以及"涡轮平滑"命令，选择"按键"部分，在工具行中点击 （镜像），在弹出的"镜像"面板中，进行设置："镜像轴"勾选"X"；"克隆当前选择"中，选择"复制"，如图9-28所示。

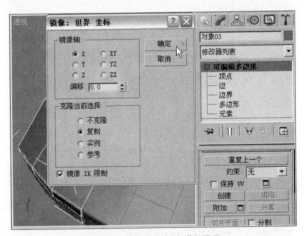

图9-28　在镜像面板中进行设置

② 将鼠标的左键部分和复制出的右键部分进行"附加"指令，如图9-29所示。

③ 再次对"按键"添加"涡轮平滑"修改器，设置"迭代次数"为"2"，如图9-30所示。

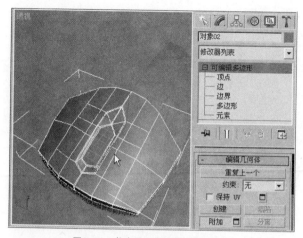

图9-29　将左键和右键进行附加指令

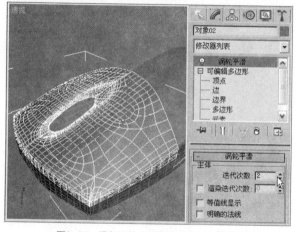

图9-30　添加涡轮平滑并设置迭代次数为2

9.5 鼠标按键部分添加"壳"修改器

① 鼠标点击动作堆栈栏中的"可编辑多边形",然后在"修改器列表"中选择"壳"修改器,设置"内部量"参数为"2.0",如图9-31所示。

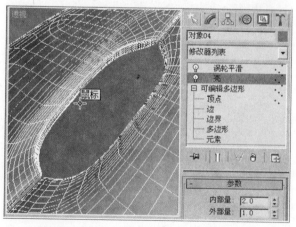

图9-31　添加"壳"修改器并设置内部量参数为2.0

② 选择"按键"部分视图所示的角端的两组"顶点",点击"切角设置",在弹出的"切角顶点"面板中,设置"切角量"为"0",如图9-32所示。

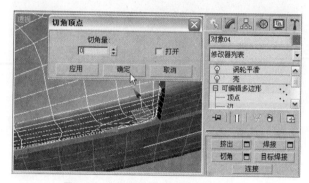

图9-32　在切角顶点面板中设置切角量为0

③ 同样方法,设置"按键"前脸部分两组角端的"切角量"为"0",如图9-33所示。

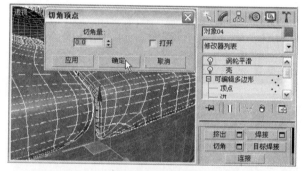

图9-33　设置按键前脸部分的两组角端的切角量

④ 同样方法,选择"按键"后部分两组角点,设置"切角量"为"0.0",如图9-34所示。

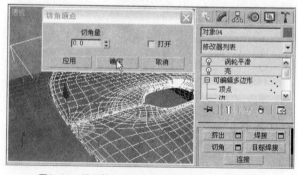

图9-34　设置按键后部分的两组角点的切角量为0.0

⑤ 同样方法,选择"按键"另一侧的一组"角点",设置"切角量"为"0.0",如图9-35所示。

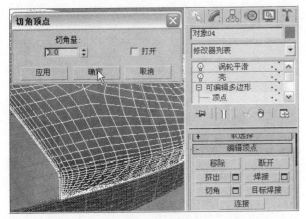

图9-35　设置按键另一侧的一组角点的切角量为0.0

9.6 鼠标后部分运用镜像复制取代对称

选择鼠标后部分，删除"动作堆栈栏"中的"对称"命令，用"镜像复制"按键的方法，来同样"镜像复制"鼠标后部分，同样进行两者间的"附加"命令，如图9-36所示。

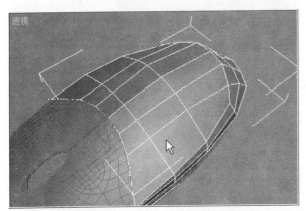

图9-36　对鼠标的后半部进行镜像复制然后进行附加

9.7 鼠标后部分焊接顶点

运用3ds max多边形建模，建模对象如果是两边完全对称，我们一般采用 "对称"的命令来编辑其中的一边从而获得一举两得的造型效果，但是，如果要对对象进行材质设置的话，就需要删除对称命令，改为镜像复制，然后进行"附加"，最后还

必须要进行"焊接"工作，焊接后，再对对象进行材质设置就不会出现材质对称现象。

点击"顶点"编辑方式，在顶视图中选择中间一列所有接点， 点击"编辑顶点"卷展栏中的"焊接"命令，在弹出的"焊接顶点"面板中设置"焊接阈值"为"0.1"，如图9-37所示。

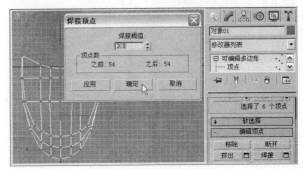

图9-37　焊接相邻的接点

9.8 鼠标的后部分的造型编辑

① 选择鼠标后部分，在"修改器列表"中为其添加"涡轮平滑"修改器，设置"迭代次数"为"2"，点 Ⅱ 为 Ⅰ，如图9-38所示。

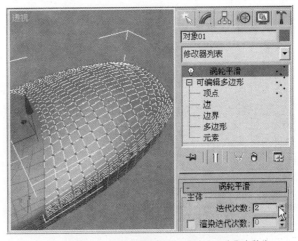

图9-38　为鼠标的后部分添加涡轮平滑并设置迭代次数为2

② 在"修改器列表"中，添加"壳"修改器，设置"内部量"值为"2"，如图9-39所示。

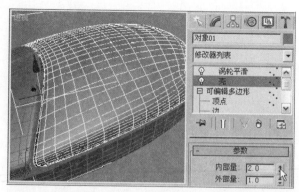

图9-39　添加"壳"修改器并设置内部量为2

③ 如同设置鼠标"按键"部分的角端顶点一样，在"顶点"编辑方式下，选择视图中的"组点"，设置"切角量"为"0.0"，如图9-40所示。

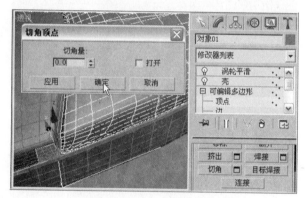

图9-40　设置切角量为0.0

④ 另一侧选择"组点"，并设置"切角量"为"0.0"，如图9-41所示。

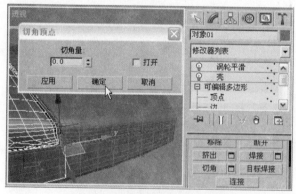

图9-41　设置另一侧的切角量为0.0

⑤ 使用工具行中的 ✛（选择并移动），沿着"Y"轴，适当调整距离，使其和按键部分之间留有合适的缝隙，如图9-42所示。

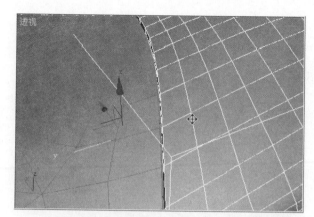

图9-42　使用移动工具进行调整，留出合适的缝隙

9.9 鼠标前侧洞口的创建

① 选择鼠标前侧下半部组成部分，点击"点"编辑方式，点 H 为 I 状态，选择"切割"工具进行切线，如图9-43所示。

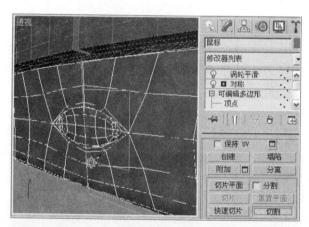

图9-43　选择切割工具进行切线

② 选择相关点进行"连接"，如图9-44所示。

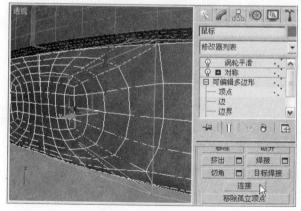

图9-44　选择相关点进行连接

③ 选择"多边形"编辑方式，点H为I状态，选择视图中的"面"，点击"插入"右侧的"设置"按钮，在弹出的"插入多边形"面板中，选择"插入类型"为"组"，设置"插入量"为"0.5"，如图9-45所示。

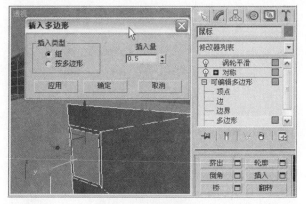

图9-45　设置插入量为0.5

④ 选择"顶点"编辑方式，选择视图中的两个"顶点"，鼠标右键点击"选择并移动"工具，在弹出的"移动变换输入"面板中，设置"X"值为"0.0"，如图9-46所示。

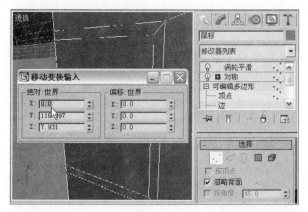

图9-46　选择顶点，并在移动变换输入面板中设置X值为0.0

⑤ 选择"多边形"编辑方式，点击"挤出"右侧的"设置"按钮，在弹出的"挤出多边形"面板中，在"挤出类型"选项中，选择"局部法线"，"挤出高度"为"-3.0"，如图9-47所示。

⑥ 选择视图中的"面"，如图9-48所示。

⑦ 点击键盘"Delete"键，删除选择的"面"，再选择"边"编辑方式删除视图中的"边"，如图9-49所示。

图9-47　在挤出多边形面板中设置参数

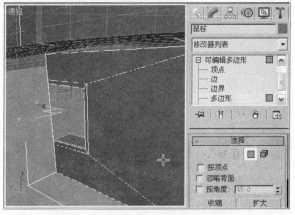

图9-48　在多边形编辑方式下选择视图中的面

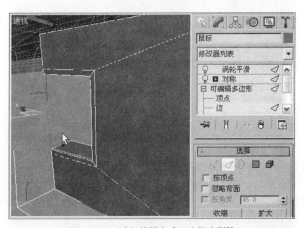

图9-49　"边"编辑方式下选择边删除

⑧ 在"修改器列表"中添加"涡轮平滑"修改器，设置"迭代次数"为"2"，点击"顶点"编辑方式，改变H为I显示状态，调整"洞口"的大小，如图9-50所示。

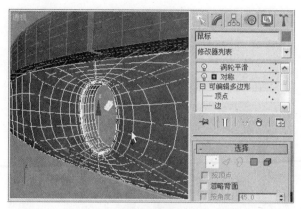

图9-50　在顶点编辑方式下调整洞口大小

9.10　调整鼠标下半部造型

① 为鼠标下半部添加"壳"修改器，设置"内部量"为"2.0"，当前透视图效果如图9-51所示。（可结合键盘F4键，去掉或者显示对象的网格线）

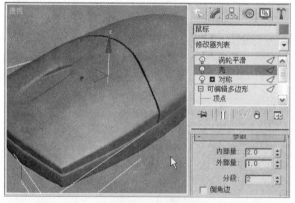

图9-51　添加"壳"修改器并设置内部量参数

② 激活透视图，点击键盘快捷键"F9"快速渲染，得到效果，如图9-52所示。

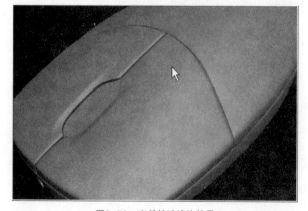

图9-52　当前快速渲染效果

9.11　创建鼠标滚轴

选择"切角圆柱体"，根据情况设置参数达到合适比例，作为"滚轴"放置鼠标凹槽位置，如图9-53所示。

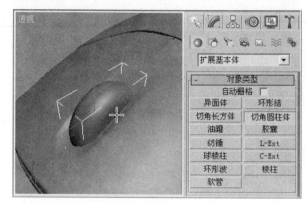

图9-53　创建鼠标滚轴

9.12　创建鼠标线

① 选择"直线"工具，画出鼠标线，在"差值"卷展栏中设置"步数"为"20"，在"创建方法"卷展栏中，勾选"初始类型"和"拖动类型"都为"平滑"，如图9-54所示。

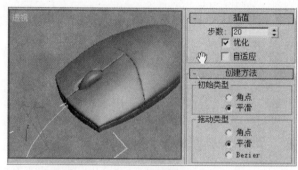

图9-54　创建鼠标线

② 在"直线"的"渲染"卷展栏中，勾选"在渲染中启用"以及"在视口中启用"，设置"厚度"为"4.0"，如图9-55所示。

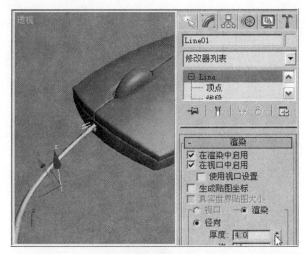

图9-55　设置鼠标线的参数

9.13 赋予鼠标对象材质

① 点击"材质编辑器"，选择第一个实例球指定给鼠标"按键"部分，设置"漫反射" RGB参数分别为"222"、"230"、"238"；在"反射高光"中，设置"高光级别"为"60"；"光泽度"为"10"，"柔化"为"0.1"。如图9-56所示。

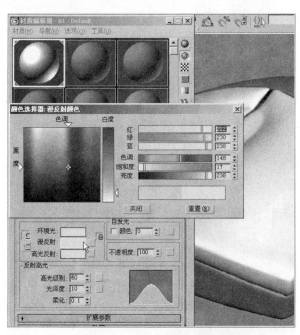

图9-56　设置按键材质参数

② 点击第二个实例球，指定给鼠标后半部，点击实例球窗口下的"Standard"，如图 9-57 所示。

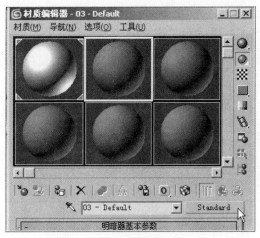

图9-57　点击实例球窗口下的Standard

③ 在弹出的"材质/贴图浏览器"中选择"混合"，如图9-58所示。

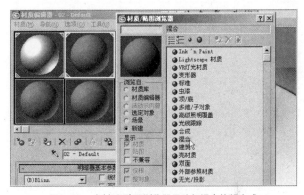

图9-58　在材质/贴图浏览器里选择混合编辑方式

④ 在"替换材质"面板中，点"确定"，如图9-59所示。

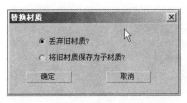

图9-59　替换材质面板中选择确定

⑤ 点击"遮罩"右侧的"None"，在弹出的"材质／贴图浏览器"中，选择"位图"，如图 9-60所示。

⑥ 在"选择位图图像文件"设置框中，选择贴图资料"联想.bmp"（光盘资料提供），如图9-61所示。

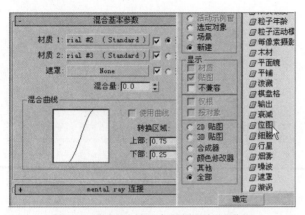

图9-60　为遮罩在材质/贴图浏览器中选择位图

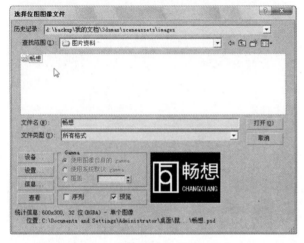

图9-61　选择图像文件"畅想.bmp"

⑦ 在出现的"坐标设置"面板中，勾除"U"、"V"项"平铺"的单选勾，设置"V"角度为"180.0"，如图9-62所示。

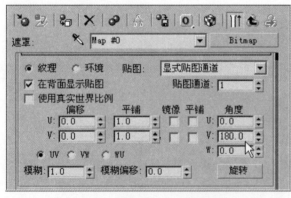

图9-62　坐标设置面板中的参数设置

⑧ 在"修改器列表中"添加"UVW贴图"，在"参数"卷展栏面板中选择"平面"，在"动

作堆栈栏中"展开"UVW贴图"的子编辑级别，选择"Gizmo"，并结合工具行中的■（等比缩放），缩小至合适大小，如图9-63所示。

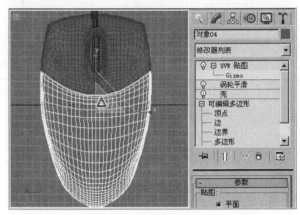

图9-63　选择Gizmo结合等比缩放工具缩小贴图

⑨ 回到"混合基本参数"面板中，点击"材质1"右侧的"Standard"，如图9-64所示。

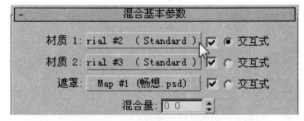

图9-64　点击材质1右侧的Standard

⑩ 设置"漫反射拾色器"RGB值分别为"222"、"230"、"238"；在"反射高光"中设置"高光级别"为"39"；"光泽度"为"10"，"柔化"为"0.1"，如图9-65所示。

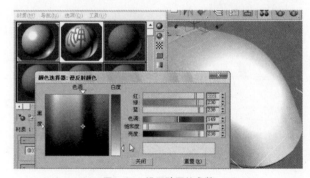

图9-65　设置贴图的参数

⑪ 渲染透视图后的效果，如图9-66所示。

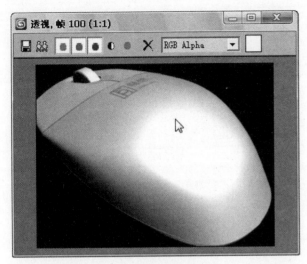

图9-66　当前渲染效果

9.14　添加其他的物件

在场景中添加"平面"，设置木纹贴图，然后

在场景中添加合适的灯光，设置鼠标下部分合适的透明度，最终效果如图9-67所示。

图9-67　添加材质后最终效果

第 10 章

室内设计

被行业称为渲染巨匠的Lightscape，在国内的设计行业中得到了广泛的应用，最高版本是Lightscape3.2。Lightscape在后期渲染方面能渲染出具有照片级的质量效果，尤其在渲染室内场景方面对光能传递的表现几乎达到完美的程度，是众多3D室内设计高手们作为后期辅助的重要软件。

本例使用3ds max建模输出 .Lp格式（Lightscape所生成的".Lp"格式的文件都能被3ds max不同版本兼容），运用Lightscape进行后期渲染，通过这一章节的学习，让我们大家了解两者之间的工作流程。室内设计建模虽然简单，但创建的方法却应做到准确方便和实用。

Lightscape从开发至今一直没有推出中文版，我们所使用的大多是核心汉化版，在某些面板上依然还会出现英文，但已经可以满足我们日常所需。

10.1 房间主体制作

① 在"标准基本体"命令集中，选择"长方体"，如图10-1所示。

② 在顶视图中，建立"长方体"，设置参数："长度"为"180.0"；"宽度"为"280.0"；"高度"为"70.0"，如图10-2所示。

图10-1 选择长方体编辑方式

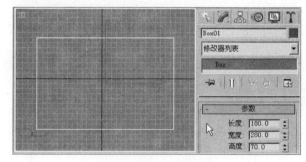

图10-2 设置长方体参数

③ 在"标准基本体"中，选择"平面"，如图10-3所示。

④ 在前视图中建立"平面"，参数如图10-4所示。

图10-3 选择平面编辑方式

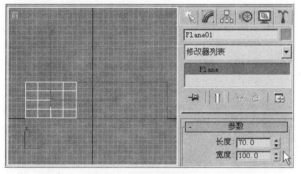

图10-4 设置平面参数

⑤ 选择 ⊹ （选择并移动），在顶视图中移动"平面"至合适位置，如图10-5所示。

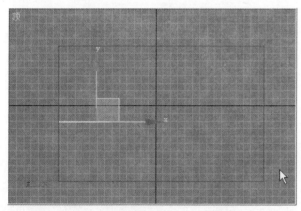

图10-5 将平面移动至视图中合适位置

10.2 创建摄像机

① 选择"目标摄像机"，如图10-6所示。
② 在顶视图中，调节摄像机角度，如图10-7所示。

图10-6 选择目标摄像机

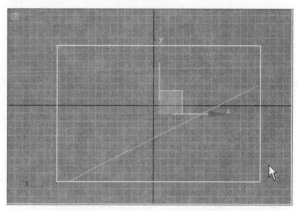

图10-7 使用移动工具调节摄像机角度

10.3 法线翻转

① 选择"长方体"，在"修改器列表中"选择"法线"，如图10-8所示。

图10-8 在修改器列表中，选择法线编辑方式

② 当前透视图效果，如图10-9所示。

115

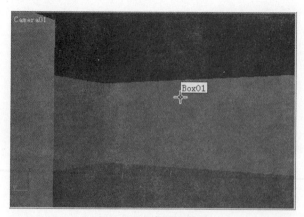

图10-9 当前透视图效果

10.4 分离长方体并分别命名

① 分别选择"长方体"和"平面",点击键盘的"F4"键,改为"边面"显示的状态,然后选择长方体将其"转换为可编辑多边形",如图10-10所示。

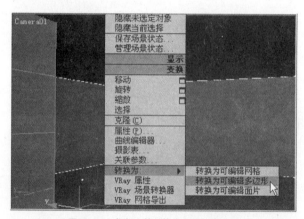

图10-10 将长方体转换为可编辑多边形

② 点击"多边形"编辑方式,选择"长方体"正面的墙体,然后点击"分离",在弹出的"分离"面板中,命名为"电视墙",然后"确定",如图10-11所示。

③ 点击"长方体"侧面的墙体,然后点击"分离"后,在弹出的"分离"面板上,命名为"窗体墙",然后"确定",如图10-12所示。

④ 选择"长方体"地面部分,点击"分

离",在弹出的"分离"面板中,命名为"地板",然后"确定",如图10-13所示。

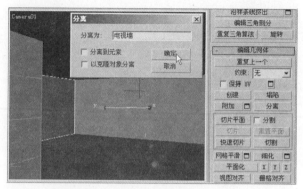

图10-11 将分离的对象命名为电视墙

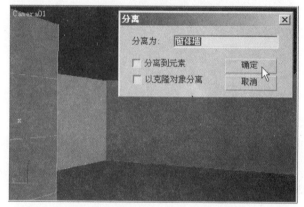

图10-12 将分离的对象命名为窗体墙

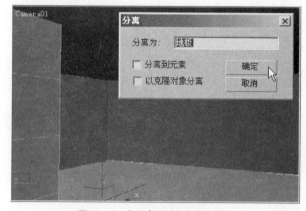

图10-13 将分离的对象命名为地板

⑤ 选择"长方体"正上方部分,点击"分离",在弹出的"分离"面板中,命名为"天花板",然后"确定",如图10-14所示。

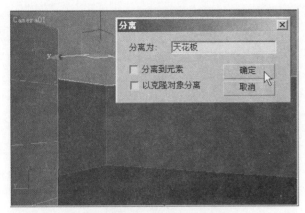

图10-14　将分离的对象命名为天花板

10.5　天花板的吊顶制作

① 选择分离后的"天花板"，点击"多边形"编辑方式，点"插入"，在视图中缩小合适大小，如图10-15所示。

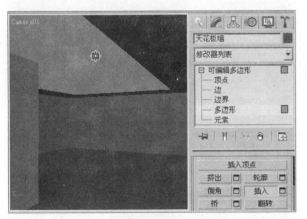

图10-15　选择天花板并插入新的面

② 点击"挤出"右侧的"设置"，在弹出的"挤出多边形"面板中，勾选"组"，设置"挤出高度"为"-2.0"，如图10-16所示。

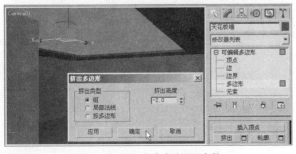

图10-16　设置挤出多边形的参数

③ 点击"分离"，在弹出的"分离"面板中，命名为"吊顶"，设置参数如图10-17所示。

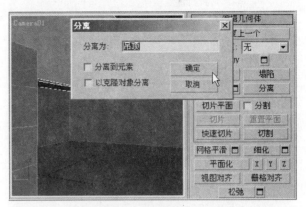

图10-17　将分离的面命名为吊顶

④ 点击分离后的"吊顶"，选择"多边形"编辑方式，点击"插入"，适当缩小合适大小，如图10-18所示。

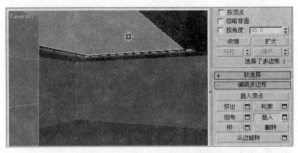

图10-18　选择吊顶命令并插入新的面

⑤ 点击"挤出"右侧的"设置"，在弹出的"挤出多边形"面板中，勾选"组"，设置"挤出高度"为"-2.0"，如图10-19所示。

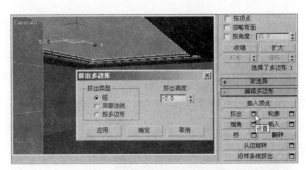

图10-19　设置挤出多边形的参数

117

10.6 窗体的制作

① 选择"窗户墙体"，选择"边"编辑方式，点击"连接"右侧的"设置"，在弹出的"连接边"面板中，设置"分段"值为"2"；"收缩"值为"-32"；"滑块"值为"178"，如图10-20所示。

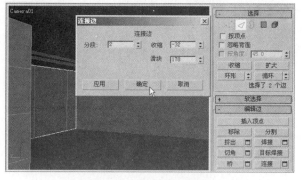

图10-20 设置连接边的参数

② 再次点"连接设置"，在弹出的"连接边"面板中，设置"分段"为"2"；"收缩"为"55"；"滑块"为"11"，如图10-21所示。

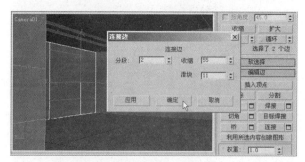

图10-21 设置连接边的参数

③ 选择"多边形"编辑方式，选择"窗体"，如图10-22所示。

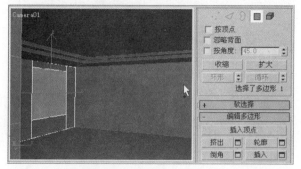

图10-22 在多边形编辑模式下选择窗体命令

④ 点击"分离"，在弹出的"分离"面板中，命名为"窗户"，如图10-23所示。

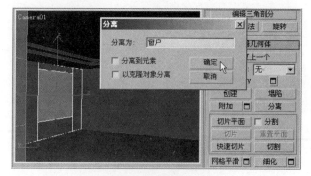

图10-23 点击分离命名为窗户

⑤ 点击"挤出设置"，在弹出的"挤出多边形"面板中，设置"挤出高度"为"-2.0"，如图10-24所示。

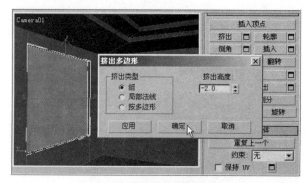

图10-24 设置挤出高度为-2.0

⑥ 点击"插入设置"在弹出的"插入多边形"面板中设置插入量"1.5"，如图10-25所示。

图10-25 设置插入量为1.5

⑦ 选择"边"编辑方式，结合键盘"Ctrl"键，选择窗户水平方向的两条边线，点击"连接"右侧的"设置"，在弹出的"连接边"面板中设置"分段"为"2"；"收缩"为"-70"；"滑块"为"11"，如图10-26所示。

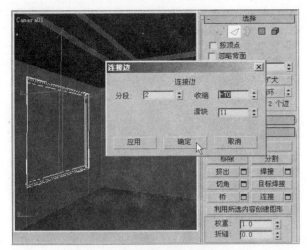

图10-26　设置连接边的参数

⑧ 结合键盘"Ctrl"键，选择窗户垂直方向的四条边线，点击"连接"右侧的"设置"，在弹出的"连接边"面板中设置分段为"2"；"收缩"为"-70"；"滑块"为"323"，如图10-27所示。

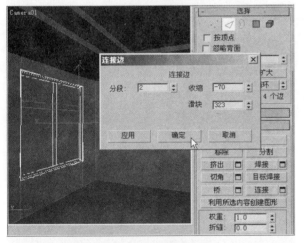

图10-27　设置连接边的参数值

⑨ 选择"多边形"编辑方式，选择窗户体"玻璃"的四个面，如图10-28所示。

⑩ 点击"挤出"右侧的"设置"，在弹出的"挤出多边形"面板中，设置"挤出高度"为"-2.0"，如图10-29所示。

⑪ 点击"分离"，在弹出的"分离"面板中，命名为"玻璃"，如图10-30所示。

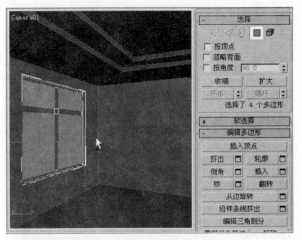

图10-28　选择窗户体玻璃的四个面

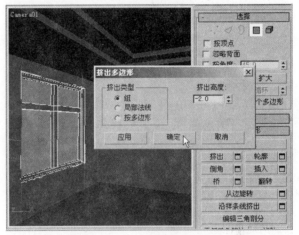

图10-29　设置挤出多边形的参数

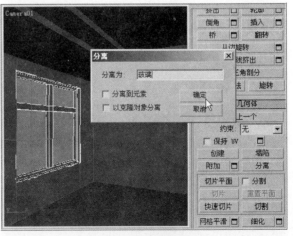

图10-30　将分离的对象命名

119

10.7 为房间添加家具以及装饰构建

① 将场景中所有的分离对象颜色归纳调整一下，目的是便于我们在以后的材质贴图思路上对所要表现的对象更明确，如图10-31所示。

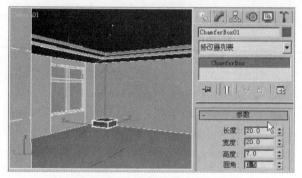

图10-31 归纳所有分离对象的颜色

② 选择"切角长方体"，如图10-32所示。

图10-32 选择切角长方体编辑方式

③ 结合别的视图，建立"切角长方体"，设置"长度"为"20.0"；"宽度"为"20.0"；"高度"为"7.0"，"圆角"为"0.5"，位置如图10-33所示。

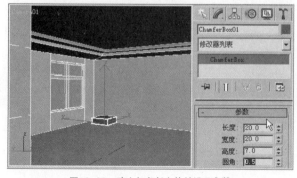

图10-33 建立切角长方体并设置参数

④ 通过复制以及再次添加"切角长方体"方式，制作出"床头柜"造型，"床头柜"的主体参数为："长度"为"59.965"；"宽度"为"9.0"；"高度"为"13.93"；"圆角"为"0.5"，如图10-34所示。

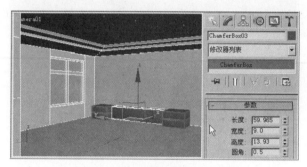

图10-34 建立切角长方体并设置参数

⑤ 再次建立"切角长方体"作为"床"，设置参数："长度"为"55.0"；"宽度"为"75.0"；"高度"为"7.0"；"圆角"为"0.9"，如图10-35所示。

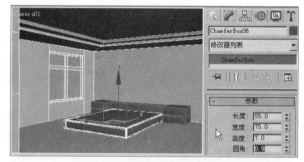

图10-35 建立切角长方体并设置参数

⑥ 选择"隔墙"，点击鼠标右键，在弹出的菜单中"转换为可编辑多边形"，如图10-36所示。

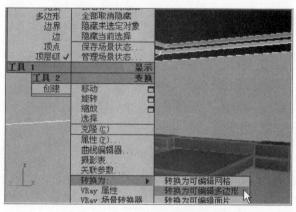

图10-36 将隔墙转换为可编辑多边形

⑦ 选择墙体两条水平线，如图10-37所示。

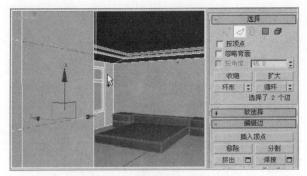

图10-37　选择墙体两条水平线

⑧ 点击"连接"右侧的"设置"，在弹出的"连接边"面板中，设置"分段"为"2"；"收缩"为"20"，如图10-38所示。

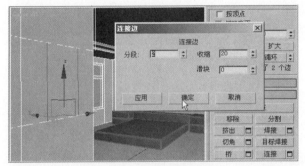

图10-38　设置"连接边"参数

⑨ 继续点击"连接"右侧的设置，在弹出的"连接边"面板中设置分段为"2"，如图10-39所示。

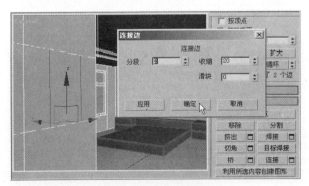

图10-39　设置连接边的参数

⑩ 选择"多边形"编辑方式，选择"隔墙"的面，如图10-40所示。

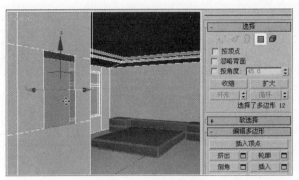

图10-40　选择隔墙的面

⑪ 点击"挤出"右侧的"设置"，在弹出的"挤出多边形"面板中，设置"挤出高度"为"-4"，参数如图10-41所示。

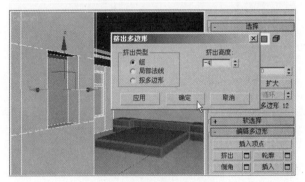

图10-41　设置挤出多边形参数

⑫ 关闭"多边形"编辑方式，如图10-42所示。

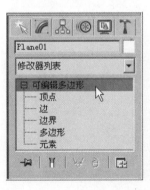

图10-42　关闭多边形编辑方式

⑬ 选择"茶壶"，如图10-43所示。

⑭ 在顶视图"隔墙"位置，建立"茶壶"，结合 🔍（局部放大），调节视图，如图10-44所示。

图10-43 选择茶壶编辑方式

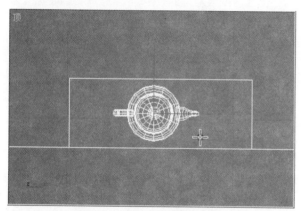

图10-44 在合适的位置建立茶壶

⑮ 在左视图，选择 ✛（移动工具），沿着
"Y"轴，移动至合适位置，如图10-45所示。

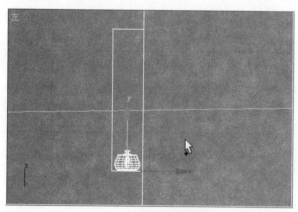

图10-45 选择Y轴移动合适位置

⑯ 在工具行中，选择 ▣（等比缩放），在透
视图中沿着"Z"轴，缩放合适高度，如图10-46
所示。

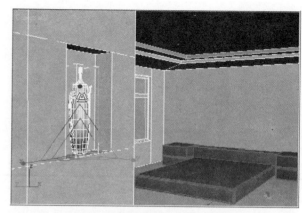

图10-46 运用等比缩放工具对茶壶进行缩放

⑰ 在"修改器列表"中，选择"锥体"，设置
参数："数量"为"0.82"；"曲线"为"-4.83"，
如图10-47所示。

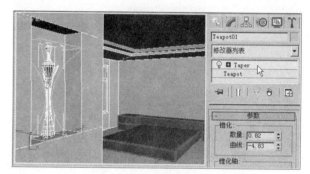

图10-47 运用"锥体"工具对茶壶进行变形

⑱ 选择"长方体"放置合适的位置，命名为
"照片"，设置参数："长度"为"28.988"；
"宽度"为"18.731"；"高度"为"1.784"，
"长度"分段为"1"，如图10-48所示。

图10-48 创建长方体并设置参数

⑲ 选择"线"工具，然后勾除"开始新图
形"右侧的勾，在视图中画出"窗帘"的截面图
形，位置和形状如图10-49所示。

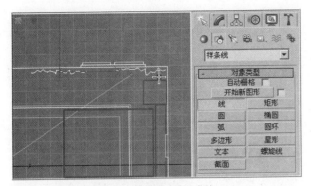

图10-49　创建窗帘的曲线

⑳ 选择"窗帘"截面，在"修改器列表"中选择"挤出"，然后设置数量为"70.0"，如图10-50所示。

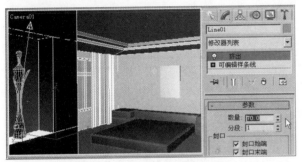

图10-50　使用挤出命令并设置参数

10.8　灯光设置

在3ds max中，设置灯光是重要的环节，灯光参数还可以在Lightscape软件中，根据具体情况进行后期调节。

① 选择"目标聚光灯"，如图10-51所示。

图10-51　选择目标聚光灯编辑方式

② 结合其他视图，调节透视图"目标聚光灯"位置以及角度，如图10-52所示。

图10-52　调节"目标聚光灯"参数

③ 点击"泛光灯"，如图10-53所示。

图10-53　选择泛光灯编辑方式

④ 在房间合适位置建立"泛光灯"，如图10-54所示。

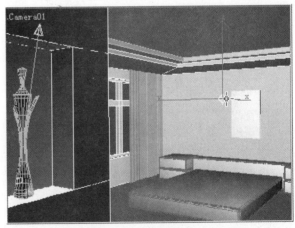

图10-54　建立泛光灯

10.9　设置贴图坐标

① 选择"床"，然后在"修改器列表"中选择"UVW贴图"，贴图方式选择"长方体"，如

图10-55所示。

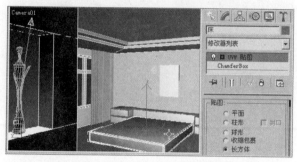

图10-55 给床添加UVW贴图

② 同样的办法，选择"照片"，在"选修改器列表中"选择"UVW贴图"，"贴图"方式选择"长方体"，如图10-56所示。

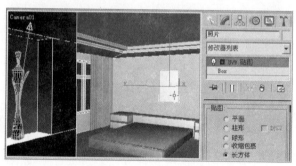

图10-56 设置UVW贴图参数

10.10 材质设置

本例对场景的材质设置以及渲染将运用"Lightscape"软件进行后期处理，在"3ds max"导出".LP"格式之前，在"材质编辑器"中要将实例球和场景中的对象——指定。（注：一个实例球可指定给同一材质的所有对象）

10.10.1 设置墙体材质

点击工具行中的 🞕（材质编辑器），选择第一个实例球，设置"漫反射颜色"RGB颜色都为"255"，"材质"命名为"墙体"，指定给所有

的"墙体"以及"吊顶"，如图10-57所示。

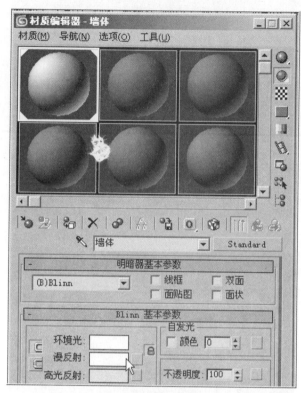

图10-57 墙体材质制定

10.10.2 其他材质贴图

① 同样方法，将场景中的不同材质分别用不同的实例球指定，并将材质命名，结合光盘提供的资料进行相对应的"位图"式贴图，例如：设置"地板"的"漫反射颜色"贴图时，在"材质/贴图浏览器中"选择"位图"，然后指定相应的"地板.jpg"纹理贴图，并设置地板"UV"的"平铺"值分别为"4.0"和"1.0"，如图10-58所示。

在max完成场景建模后，考虑到输出".LP"格式以及在使用"Lightscape"软件进行后续工作中对纹理贴图的需要，对涉及到纹理贴图的建模进行"UVW贴图"坐标指定。虽然"Lightscape"软件本身也具备指定贴图坐标的功能，但相比max来说就显得麻烦。

② 最后渲染效果如图10-59所示。

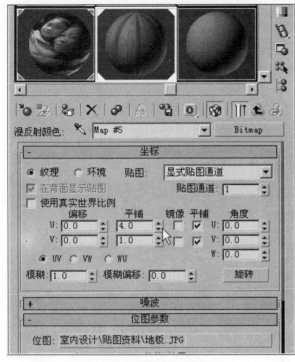

图10-58 房间其他材质的制定

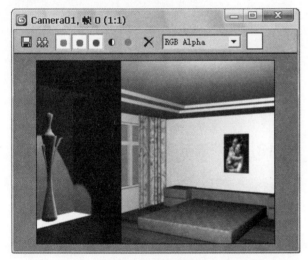

图10-59 渲染效果图

10.11 导出 ".LP" 格式文件

① 点击菜单栏中的"文件",选择"导出",如图10-60所示。

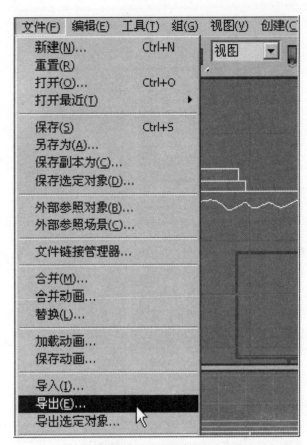

图10-60 选择导出命令

② 在弹出"选择要导出的文件"设置框中,"保存类型"选择"*.LP"格式;"文件名"为"室内",如图10-61所示。

图10-61 选择".LP"格式并命名为室内

③ 考虑到场景在"Lightscape"中要利用窗口采光,所以在此输出过程中要进行窗口设置,在"开口"中选择"玻璃",如图10-62所示。

125

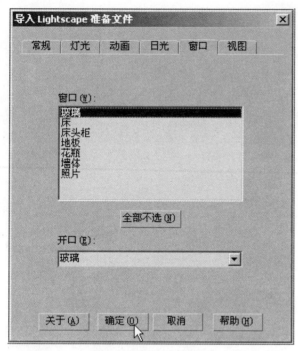

图10-62 在开口中选择玻璃

10.12 在Lightscape中导入文件

① 打开"Lightscape"软件，在菜单栏中点击"文件/打开"，如图10-63所示。

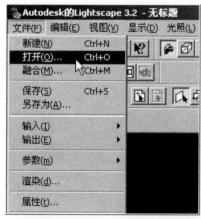

图10-63 在菜单栏中点击打开命令

② 选择"室内.lp"文件，点击"打开"，如图10-64所示。

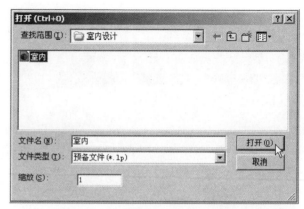

图10-64 在"打开"设置框中，点击室内

③ 打开后的场景如图10-65所示。

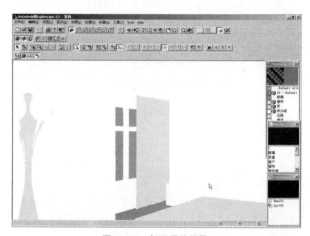

图10-65 打开后的场景

10.13 视图显示设置

结合工具行中的 (显示纹理)、 (增强显示) (缩放) 调整布局显示当前显示效果，如图10-66所示。

图10-66 当前显示效果

126

10.14　材料以及光照设置

① 在材料面板中，选择"玻璃"，双击鼠标左键，在弹出的"材料属性"面板中设置"模板"为"玻璃"，如图10-67所示。

图10-67　设置模板为玻璃

② 同样，设置"窗帘"模板为"织物"，"透明度"为"0.25"，如图10-68所示。

图10-68　设置窗帘模板为织物

③ 同样，设置"床"模板为"织物"，如图10-69所示。

图10-69　设置床模板为织物

④ 设置"床头柜"模板属性为"反光漆"，如图10-70所示。

图10-70　设置床头柜模板为反光漆

⑤ 设置"花瓶"模板为"光滑瓷砖"，如图10-71所示。

图10-71　设置花瓶模板为光滑瓷砖

⑥ 设置"地板"模板为"半反光漆"，如图10-72所示。

图10-72　设置地板模板为半反光漆

⑦ 设置"照片"模板为"纸"，如图10-73所示。

图10-73　设置照片模板为纸

⑧ 在"光照"面板中，鼠标右键点击"Omni01"，在弹出的快捷菜单中选择"删除"，如图10-74所示。

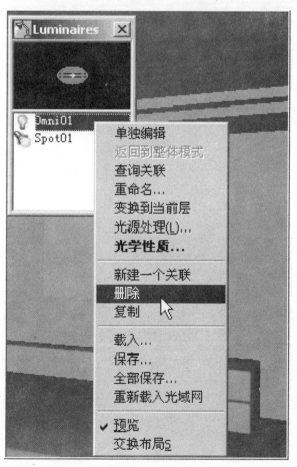

图10-74　点击Omni01进行删除

⑨ 再点击"Spot01",设置 "灯光颜色规格"为"D65白";设置"光度"为"Luminous Intensity";"80"cd,如图10-75所示。

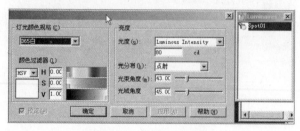

图10-75 设置Spot01参数

10.15 日光设置

① 点击菜单栏中的"光照",然后选择"日光",如图10-76所示。

图10-76 选择日光编辑方式

② 勾选"直接控制",设置旋转"162";"仰角"为"20"以及"太阳光"为"44280 Lx",如图10-77所示。

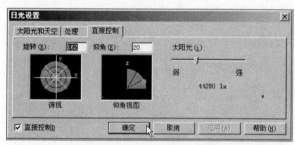

图10-77 对日光设置面板进行设置

③ 点击菜单栏中的"处理",然后选择"参数",如图10-78所示。

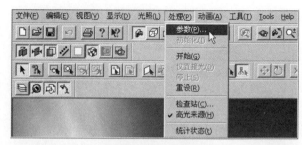

图10-78 点击参数命令

④ 在"处理参数"面板中,勾选"日光",点击"向导",如图10-79所示。

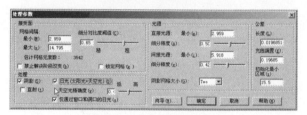

图10-79 设置处理参数面板

⑤ 在弹出的"质量"的面板中,勾选"选择解决阶段所需的质量级"为"3",如图10-80所示。

图10-80 设置质量级别为3

⑥ 在日光面板中,选择在模型处理中考虑日光,如图10-81所示。

图10-81 勾选考虑日光编辑方式

10.16 背景颜色设置

① 选择"文件"菜单中的"属性",如图10-82所示。

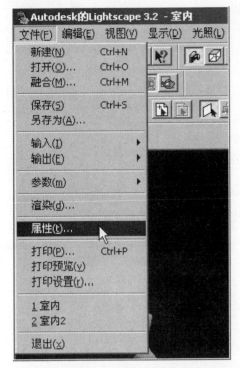

图10-82 选择属性命令

② 在"文件属性"面板中,设置背景"颜色":H:217;S:0.21;V:0.94为浅蓝色,如图10-83所示。

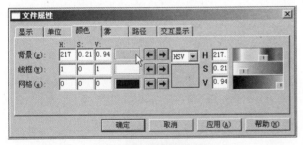

图10-83 设置背景颜色

10.17 视图进行光能传递计算

点击工具行中的 📄(初始化),然后点击 📄(开始),进行光能传递至80%后点击 📄(停止),效果如图10-84所示。

图10-84 进行光能传递计算

10.18 光线跟踪区域设置

① 选择菜单栏中的"显示",选择"光影跟踪区域选项",如图10-85所示。

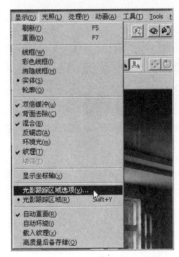

图10-85 点击光影跟踪区域选项

② 设置"光线跟踪区域选项"面板,勾选"光影跟踪直接光照";"柔和太阳光阴影";"关闭层物体阴影",设置如图10-86所示。

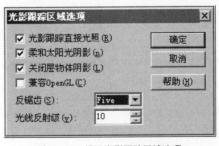

图10-86 设置光影跟踪区域选项

③ 选择工具行中的 📄(光影跟踪区域),用

129

鼠标左键选择范围，如图10-87所示。

图10-87 区域范围选择

④ 在弹出的面板中点击"确定"，如图10-88所示。

图10-88 点击确定编辑方式

⑤ "光影跟踪区域"工具对进行光能传递后的建模进行渲染，可以对所选的区域快速直观地检测出光影传递后的光线反射以及光影分布的品质效果。当前区域渲染的效果如图10-89所示。

图10-89 渲染后的效果

10.19 渲染输出

① 在"文件"菜单中选择"渲染"，如图10-90所示。

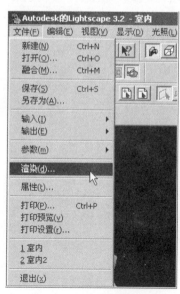

图10-90 点击渲染编辑方式